现代
果树病虫害
诊治丛书

柑橘橙柚

病虫害诊断与防治原色图鉴

第二版

吕佩珂　高振江　姚慧静　等编著

U0234980

化学工业出版社

·北京·

本书围绕无公害果品生产和新产生的病害防治问题，针对制约我国果树产业升级、果品质量安全等问题，利用新技术、新方法，解决生产中的实际问题，涵盖了柑橘、橙、柚生产上所能遇到的大多数病虫害。本书图文结合介绍柑橘、橙、柚病害近六十种，虫害八十余种，本书图片包括病原、症状及害虫各阶段彩图，防治方法上将传统的防治方法与许多现代防治技术方法相结合，增加了植物生长调节剂调节大小年及落花落果，保证大幅增产等现代技术及新发病害防治与相关市场问题。附录中还有农药配制及使用基础知识。是紧贴全国果品生产，体现现代果品生产技术的重要参考书。可作为诊断与防治柑橘、橙、柚病虫害指南，可供家庭果园、果树专业合作社、农家书屋、广大果农、农口各有关单位参考。

图书在版编目（CIP）数据

柑橘橙柚病虫害诊断与防治原色图鉴/吕佩珂等编著． —2版．—北京：化学工业出版社，2018.1（2019.1重印）
（现代果树病虫害诊治丛书）
ISBN 978-7-122-31078-1

Ⅰ．①柑…　Ⅱ．①吕…　Ⅲ．①柑桔类－病虫害防治－图集　Ⅳ．① S436.66-64

中国版本图书馆 CIP 数据核字（2017）第 292250 号

责任编辑：李　丽　　　　　　　装帧设计：关　飞
责任校对：边　涛

出版发行：化学工业出版社
　　　　　（北京市东城区青年湖南街13号　邮政编码100011）
印　　装：北京东方宝隆印刷有限公司
850mm×1168mm　1/32　印张8　字数184千字
2019年1月北京第2版第2次印刷

购书咨询：010-64518888
售后服务：010-64518899
网　　址：http://www.cip.com.cn
凡购买本书，如有缺损质量问题，本社销售中心负责调换。

定　　价：49.80元　　　　　　　　　　版权所有　违者必究

丛书编委名单

前言

进入2017年，我们已进入了中国特色社会主义新时代，即将全面建成小康社会，正在不断把中国特色社会主义推向前进。中国是世界水果生产的大国，产量和面积均居世界首位。为了适应果树科学技术不断进步的新形势和对果树病虫防治及保障果树产品质量安全的新要求，生产上需要切实推动果树植保新发展，促进果品生产质量和效益不断提高。

本书第一版自2014年11月出版面市以来，得到了广大读者的喜爱和认可，经常接到读者来信来电，对图书内容等提出中肯的建议，同时根据近年来各类果树的种植销售情况及栽培模式变化和气候等变化带来的新发、多发病虫害变化情况，笔者团队经过认真的梳理总结，特出版本套丛书的第二版，以期满足广大读者和市场的需要，确保果树产品质量安全。

第二版丛书与第一版相比，主要做了如下变更。

1. 根据国内市场和种植情况，对果树种类进行了重新合并归类，重点介绍量大面广、经济效益高、病虫害严重、读者需求量大的品种，分别是《柑橘橙柚病虫害诊断与防治原色图鉴》《板栗核桃病虫害诊断与防治原色图鉴》《草莓蓝莓树莓黑莓病虫害诊断与防治原色图鉴》《猕猴桃枸杞樱桃病虫害诊断与防治原色图鉴》《葡萄病虫害诊断与防治原色图鉴》。

2. 近年来随着科技发展和学术交流与合作，拉丁学名在世界范围内进一步规范统一，病害的病原菌拉丁学名变化较大。以柑橘病害为例，拉丁学名有40%都变了，因此第二版学名必须跟着变为国际通用学名，相关内容重新撰写。同时对由同一病原引起的不同部位、不同症状的病害进行了合并介绍。对大部分病害增加了病害发生流行情况等简单介绍。对于长期发生的病害，替换了一些效果不好的照片，增加了一些幼虫照片和生理病害照片，替换掉一些防治药品，增补了一些新近应用效果好的新药和生物制剂。与时俱进更新了一些病害的症状、病因、传播途径和发病条件及新近推广应用的有效防治方法。

　　3.增补了一些由于栽种模式和气候条件变化等导致的新近多发、危害面大的生理性病害与其他病虫害，提供了新的有效的防治、防控方法。

　　4.附录中增加了农药配制及使用基础知识，提高成活率、调节大小年、精品果生产等农民关心的关键栽培养护方法。

　　本丛书这次修订引用了同行发表的文章、图片等宝贵资料，在此一并致谢！

吕佩珂等

2017 年 11 月

第一版前言

　　我国是世界水果生产的大国，产量和面积均居世界首位。果树生产已成为中国果农增加收入、实现脱贫致富奔小康、推进新农村建设的重要支柱产业。通过发展果树生产，极大地改善了果农的生活条件和生活方式。随着国民经济快速发展，劳动力价格也不断提高，今后高效、省力的现代果树生产技术在21世纪果树生产中将发挥积极的作用。

　　随着果品产量和数量的增加，市场竞争相当激烈，一些具有地方特色的水果由原来的零星栽培转变为集约连片栽培，栽植密度加大，气候变化异常，果树病虫害的生态环境也在改变，造成种群动态发生了很大变化，出现了一些新的重要的病虫害，一些过去次要的病虫害上升为主要病虫害，一些曾被控制的病虫害又猖獗起来，过去一些零星发生的病虫害已成为生产的主要病虫害，再加上生产技术人员对有些病虫害因识别诊断有误，或防治方法不当造成很多损失，生产上准确地识别这些病虫害，采用有效的无公害防治方法已成为全国果树生产上亟待解决的重大问题。近年来随着人们食品安全意识的提高，无公害食品已深入人心，如何防止农产品中的各种污染已成为社会关注的热点，随着西方发达国家如欧盟各国、日本等对国际农用化学投入品结构的调整、控制以及对农药残留最高限量指标的修订，同时对我国果树病虫害防治工作也提出了更高的要求，要想跟上形势发展的需要，我们必须认真对待，确保生产无公害果品和绿色果品。过去出版的果树病虫害防治类图书已满足不了形势发展的需要。现在的病原菌已改成菌物，菌物是真核生物，过去统称真菌。菌物无性繁殖产生的无性孢子繁殖力特强，可在短时间内循环多次，对果树病害传播、蔓延与流行起重要作用。多数菌物可行有性生殖，有利其越冬或越夏。菌物有性生殖后产生有性孢子。菌物典型生活史包括无性繁殖和有性生殖两个阶段。菌物包括黏菌、卵菌和真菌。在新的分类系统中，它们分别被归入原生物界、假菌界和真菌界中。

考虑到国际菌物分类系统的发展趋势，本书与科学出版社2013年出版的谢联辉主编的普通高等教育"十二五"规划教材《普通植物病理学》（第二版）保持一致，该教材按《真菌词典》第10版（2008）的方法进行分类，把菌物分为原生动物界、假菌界和真菌界。在真菌界中取消了半知菌这一分类单元，并将其归并到子囊菌门中介绍，以利全国交流和应用。并在此基础上出版现代果树病虫害防治丛书10个分册，内容包括苹果病虫害，葡萄病虫害，猕猴桃、枸杞、无花果病虫害，樱桃病虫害，山楂、番木瓜病虫害，核桃、板栗病虫害，桃、李、杏、梅病虫害，大枣、柿树病虫害，柑橘、橙子、柚子病虫害，草莓、蓝莓、树莓、黑莓病虫害及害虫天敌保护利用，石榴病虫害及新编果树农药使用技术简表和果园农药中文通用名与商品名查对表，果树生产慎用和禁用农药等。

本丛书始终把生产无公害果品作为产业开发的突破口，有利于全国果产品质量水平不断提高。近年气候异常等温室效应不断给全国果树带来复杂多变的新问题，本丛书针对制约我国果树产业升级、果农关心的果树病虫无害化防控、国家主管部门关切和市场需求的果品质量安全等问题，进一步挖掘新技术新方法，注重解决生产中存在的实际问题，本丛书从以上3个方面加强和创新，涵盖了果树生产上所能遇到的大多数病虫害，包括不断出现的新病虫害和生理病害。本丛书10册，介绍了南、北方30多种现代果树病虫害900多种，彩图3000幅，病原图300多幅，文字近120万，形式上图文并茂，科学性、实用性强，既有传统的防治方法，也挖掘了许多现代的防治技术和方法，增加了植物生长调节剂在果树上的应用，调节果树大小年及落花落果，大幅度增产等现代技术。对于激素的应用社会上有认识误区：中国农业大学食品营养学专家范志红认为植物生长调节剂与人体的激素调节系统完全不是一个概念。研究表明：浓度为30mg/kg的氯吡脲浸泡幼果，30天后在西瓜上残留的浓度低于0.005mg/kg，远远低于国家规定的残留标准0.01mg/kg正常食用瓜果对人体无害。这套丛书紧贴全国果树生产，是体现现代果树生产技术，可作为中国进入21世纪诊断、防治果树病虫害指南，可供全国新建立的家庭果园、果树专业合作社、全国各地农家书屋、农口各有关单位人员及广大果农参考。

本丛书出版得到了包头市农业科学院的支持，本丛书还引用了同行的图片，在此一并致谢！

编著者

2014年8月

目录

1. 柑橘橙、柚、沙田柚病害 / 1

2.柑橘、柚、沙田柚害虫 / 102

附录　/ 233

参考文献　/ 244

1. 柑橘橙、柚、沙田柚病害

柑橘立枯病

柑橘苗木立枯病是柑橘幼苗期的重要病害，几乎遍布全国柑橘产区，常引起种子在播种、出苗过程中因感染立枯病而死苗。

症状 柑橘立枯病有两种：一种是丝核菌引起的真菌病害；另一种是由拟细菌引起的立枯病。

丝核菌立枯病茎部及根茎近地面处，初现褐色水渍状斑块，后逐渐扩大，致病部缢缩或叶片自上向下萎蔫死亡，病部可见白色菌丝体，后期可见灰白色油菜籽状小菌核。

拟细菌立枯病叶脉先黄化，后叶肉萎黄，病叶硬化向外卷，叶脉隆起或破坏，逐渐木栓化，造成落叶或枯梢。新生叶细小，色淡萎黄，病株开花提前，但易落。果实小或畸形，树势弱，2～4年后枯萎死亡。

病原 丝核菌立枯病病原为 *Rhizoctonia solani*，称立枯丝核菌，属真菌界担子菌门无性型丝核菌属。该菌不产生孢子，主要以菌丝体传播和繁殖。初生菌丝无色，后呈黄褐色，具隔，粗8～12μm，分枝基部缢缩，老菌丝常呈一连串桶形细胞。菌核近球形或无定形，0.1～0.5mm，无色或浅褐至黑褐色。担孢子近圆形，大小（6～9）μm×（5～7）μm。有性型 *Thanate-phorus cucumeris*，称亡革菌，属真菌界担子菌门。瓜王革菌属。国内已证实病原菌还有 *Phytophthora citrophthora*，称柑橘褐腐疫霉。

传播途径和发病条件 丝核菌立枯病病菌以菌丝或菌核

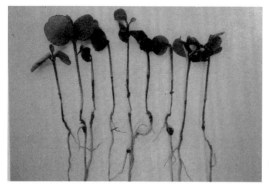

柑橘立枯病病根

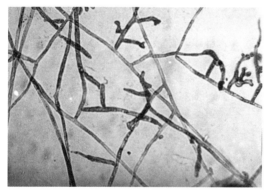

立枯丝核菌菌丝

在土壤及病残体组织中越冬，菌丝体可在土中营腐生生活2～3年以上，遇有适宜发病条件，病菌即可侵染高约17cm的幼苗。生产上高温季节连日阴雨、排水不良、苗床透光不好易发病。

防治方法　（1）苗圃要选择地势高、排灌方便的地块或采用高畦育苗。（2）合理轮作，避免连作，密度适中，不宜过密。（3）苗圃土壤消毒。每平方米苗床施用54.5%恶霉·福可湿性粉剂7g对细土20kg拌匀，施药前打透底水，取1/3拌好的药土撒于地下，其余2/3药土覆在种子上面，即"上覆下垫"法。（4）发病初期喷淋20%甲基立枯磷乳油1200倍液、560g/L嘧菌·百菌清悬浮剂700倍液。（5）对柑橘褐疫霉引起的立枯病参见柑橘脚腐病。

柑橘灰霉病

柑橘灰霉病在我国柑橘产区均有发生，主要为害幼苗、嫩叶和幼梢，引起坏死和腐烂，进入开花期花瓣引起腐烂，腐烂的花瓣黏附在幼果表面，病果皮染病后产生疤痕，柑橘开花期阴雨多的年份特别严重。

症状 花瓣染病初现水渍状褐色小斑，病斑扩大后软腐产生黄褐色，生出灰褐色霉层。有时黏附在萼片上，有的紧贴幼果，其上滋生大量菌丝，纽结形成菌丝垫，挤压幼果的嫩果皮，撕开霉烂的花瓣，可见幼果表面产生黑褐色凹陷的斑点或斑块，大小不一。染病幼果易脱落。病菌还可从花瓣扩展到萼片和果柄，造成幼果掉落，落在幼叶、嫩梢上的花瓣也染灰霉病并腐烂。

病原 *Botrytis cinerea* 称灰葡萄孢，属子囊菌无性型葡萄孢属。有性型为 *Botryotinia fuckeliana* 称富克葡萄孢盘菌。病部产生的霉层即病原菌的分生孢子梗和分生孢子。分生孢子梗数根丛生，从菌核或菌丝体上长出，大小（100～300）μm×（11～14）μm，浅褐色，有隔膜，顶端1～2次分枝，分枝末端膨大成球状，其上密生小梗，聚生大量分生孢子，呈葡萄穗状。分生孢子单胞，无色、卵圆形，（9～16）μm×（6～10）μm。

传播途径和发病条件 柑橘灰霉病菌以菌核或分生孢子在土壤或病残体上越冬、越夏，温湿度适宜时菌丝体或菌核即可产生大量分生孢子，通过气流传播，降落到花瓣上，分生孢子萌发侵入。染病的花瓣上产生大量分生孢子，再通过气流进行多次再侵染。该菌7～20℃时可大量产生分生孢子，15～23℃相对湿度90%以上或花瓣表面有水膜时易发病。

防治方法 （1）加强栽培管理。合理密植合理修剪，做好果园开沟排水工作，保证果园通风透光良好，使雨后湿气或露水能及时排放，谢花期可摇动树枝，使花瓣脱落，可减少侵染。（2）花期喷药保护。花器遇阴雨或多露天气，应及时抢晴天喷洒50%腐霉利可湿性粉剂1000倍液或50%异菌脲可湿性粉剂800倍液，隔10天1次，连续防治2次。

柑橘炭疽病

　　柑橘炭疽病是一种弱寄生性真菌病害。在全国柑橘产区普遍分布，在全年各季节均可发生，侵害叶片、枝梢、花、果，引起落叶、枝枯、落花、落果、树皮爆裂和储藏期果实腐烂。

　　症状　柑橘炭疽病俗称爆皮病。主要为害叶片、枝梢、果实及大枝、主干、花或果梗。叶片染病，多发生在叶缘或叶端，病斑浅灰色，边缘褐色，呈不规则形或近圆形，直径0.2～1.4cm，湿度大时，现朱红色小液点，具黏性。天气干燥时病部灰白色，具同心轮纹状小黑点，即病菌分生孢子盘。枝梢染病始于叶柄基部腋芽处，病斑初呈淡褐色，椭圆形至长梭形，病部环枝一周时，病部以上变成灰白色枯死并散生小黑点。大枝或主干染病，病斑长椭圆形或条状，小斑1～3cm，大斑可达1～2m，致病皮爆裂脱落。果实染病现干斑或果腐。干斑发生在干燥条件下，病部黄褐色、凹陷、革质。果腐发生在湿度大的情况下，病斑深褐色，严重的全果腐烂或产生赭红色小液点或黑色小粒点。

　　病原　*Glomerella cingulata*，称围小丛壳，属真菌界子囊菌门。无性型为*Colletotrichum gloeosporioides*，称胶孢炭疽菌，属真菌界无性态子囊菌。分生孢子直，顶端弯，（9～24）μm×（3～4.5）μm，附着胞大量产生，中等褐色，棍棒状或不规则形，（6～20）μm×（4～12）μm。第2种是尖孢炭疽菌（*Colletotrichum acutatum*）包括橘红色慢生型，只侵染、花器，造成甜橙。花后落果，和来檬炭疽型，可侵和染来檬叶片、花器、果实等，引起来檬炭疽病，也可造成甜橙的花后落果。采后柑橘果实炭疽病由胶孢炭疽菌引起。

柑橘炭疽病病斑（放大）

柑橘炭疽病枝梢受害状

柑橘幼果炭疽病

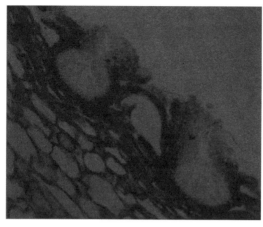

柑橘炭疽病病菌有性型
葡萄座腔菌围小丛壳子
囊壳剖面（林晓民）

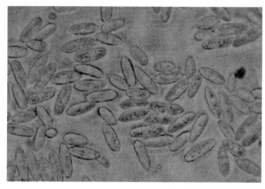

柑橘炭疽病病菌的分生
孢子（焦燕翔）

传播途径和发病条件 病菌以菌丝体或分生孢子在树上的病部越冬，翌年温、湿度适宜时产出分生孢子，借风雨或昆虫传播，引起发病。此外，该菌可进行潜伏侵染，条件适宜时显症。

本病在高温多湿条件下发病，分生孢子发生量常取决于雨日多少及降雨持续时间，一般春梢生长后期始病，夏、秋梢期盛发。

防治方法 （1）加强橘园管理，重视深翻改土；增施有机肥，防止偏施氮肥，适当增施磷、钾肥，提倡采用配方施肥技术；雨后排水。（2）及时清除病残体，集中烧毁或深埋，以减少菌源。必要时在冬季清园时喷一次0.8～1°Bé石硫合剂，同时可兼治其他病虫。（3）药剂防治。在春梢、夏梢、秋梢及嫩叶期、幼果期喷75%二氰蒽醌可湿性粉剂500～800倍液或24%腈菌·福美双可湿性粉剂1200倍液或25%溴菌·多菌灵可湿性粉剂400倍液或20%抑霉唑水乳剂800倍液或80%福·福锌可湿性粉剂800倍液、28%三环·咪鲜锰可湿性粉剂1100倍液、50%锰锌·多菌灵可湿性粉剂600倍液、25%溴菌腈可湿性粉剂500倍液、30%醚菌酯水分散粒剂2500倍液。

柑橘黑斑病

柑橘黑斑病又称黑星病，是一种严重的真菌性病害，我国福建、广东、广西、四川、云南、重庆、浙江、香港柑橘产区均有发生，2010年福建平和县蜜柚种植区发病率10%～15%，严重的达30%，严重影响柚果出口。

症状 柑橘黑星病又称黑斑病。主要为害果实，特别是近成熟期果实，也可为害叶片、枝梢。果实染病分为黑星型和黑斑型两种类型。黑星型：病斑红褐色，圆形，直径1～6mm，通常2～3mm；后期病斑变红褐色至黑褐色，边缘隆起，中部凹陷并呈灰褐色至灰色，其上生黑色小粒点，即病菌分生孢子器。严重的病果早落。贮藏期继续扩展，病部易被腐生菌侵染引起腐烂。黑斑型：病斑大，淡黄色或橙黄色，后渐变成暗褐色至黑褐色，圆形或不规则形，1～3mm，中央散生小黑粒点，即分生孢子器。严重时病斑连片覆盖大部分果面。贮藏期，果肉变黑、腐烂。

病原 无性型为*Phyllosticta citricarpa*，称柑橘叶点霉，有性型为*Guignardia citricarpa*，称橘果球座菌，真菌界子囊

柑橘黑斑病病果
（黑星型）

柑橘黑斑病症状
（黑斑型）
（胡军华摄）

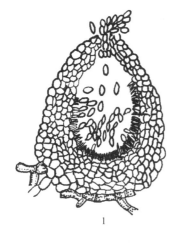

柑橘黑斑病病菌
1—分生孢子器；
2—分生孢子梗及分生
孢子

1　　　　　2

菌门球座菌属。假囊壳球形或近球形，黑色，有孔口，大小139.4μm×128.1μm。子囊圆柱形或棍棒状，束生在假囊壳基部，子囊孢子纺锤形或近菱形，无色，大小15.3μm×6.7μm。无性型分生孢子器球形至近球形，黑色，有孔口，大小（120～350）μm×（85～190）μm，分生孢子梗较明显，分生孢子单胞无色。有两种状况：一种为椭圆形或卵形，尾端有1条无色胶质物形成的纤丝，大小为（7～12）μm×（5.3～7）μm；另一种短杆状。

传播途径和发病条件 以菌丝体或分生孢子器在病果或病叶上越冬，翌春条件适宜散出分生孢子，借风雨或昆虫传播，芽管萌发后进行初侵染。病菌侵入后不马上表现症状，只有当果实或叶片近成熟时才现病斑，并可产生分生孢子进行再侵染。春季温暖高湿发病重；树势衰弱、树冠郁密、低洼积水地、通风透光差的橘园发病重。不同柑橘品种间抗病性存在差异。柑类和橙类较抗病，橘类抗病性差。品种间，早橘、本地早、茶枝柑、南丰蜜橘、蕉柑、柠檬、沙田柚发病重。

防治方法 （1）选用抗病品种：在柑橘类植物中粗皮柠檬表现耐病，酸橙及其杂交系表现抗病，雪柑比较抗病。（2）农业防治，加强橘园管理，低洼积水地注意排水，去除过密枝叶，增强树体通透性，提高抗病力，秋末冬初结合修剪剪除病枝、病叶，并清除地上落叶、落果、集中销毁，能减少病害传播机会。干旱时橘树发病重，因此适当浇水可防止病害加重。（3）化学防治。控制黑斑病关键在于喷药预防。4月下旬至5月底着果至幼果期喷洒70%代森锰锌可湿性粉剂600倍液或50%多菌灵可湿性粉剂600倍液、70%甲基硫菌灵可湿性粉剂1000倍液、10%苯醚甲环唑水分散粒剂1500倍液、25%嘧菌酯悬浮剂1000倍液。隔10～15天1次，连防2～3次。7月下旬至8月下旬，对发病果园或遇干旱要防2次，注意轮换用药，防止产生抗药性。

柑橘脚腐病

柑橘脚腐病包括苗疫病，柑橘疫病是我国柑橘生产上发生面积最广、危害性更大的病害，几乎遍及世界柑橘产区，植株染病后引起根及根颈腐烂，出现营养和水分运输障碍，轻者造成叶片黄化脱落，树势衰弱，产量下降，重者成株枯死。造成严重经济损失。

症状 苗期、成株均可发病。苗期染病，引起幼苗叶片现褐色斑，根部变褐，造成立枯或叶枯死，小枝、叶柄分杈处也变褐，且向下扩展，使幼株枯死，常称其为苗疫病。成树染病，主要为害茎基部形成脚腐或裙腐病。为害果实时，造成果实变褐腐烂。广东、广西、福建、江西、江苏、浙江、四川、湖南、台湾均常发生，死苗达10%～20%。很多成树被毁。成树发病时，主干基部腐烂，故又称"裙腐病"。病部不规则，先是外皮变褐腐烂，后腐烂渐深及木质部，发出臭酒糟味，并流出褐色胶状物。潮湿情况下，病部也生稀疏的白色霉层。当腐烂部环绕1周时，全树叶片变黄色，大量脱落，柑树逐渐枯死，轻时一侧枝干以上的叶片变黄逐渐死亡，严重时很多成树被毁。果实发病时，初现水渍状褐色病斑，圆形，直径大于3cm，随不同品种，不同成熟期常现棕黄色、褐色至铁青色，病斑不凹陷，革质，有韧性，指压不破，有异味，病健分界不明显。湿度大时，长出稀疏的白霉，即病原菌的孢囊梗和孢子囊。果实越接近成熟发病越多，进入贮藏前期发生较多，并可继续接触传播，损失严重。

柑橘疫霉病（苗疫病）
症状（稽阳火摄）

柑橘脚腐病病树症状
（阳廷密摄）

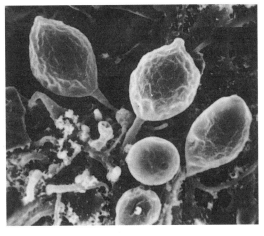

柑橘疫霉病病菌烟草疫
霉孢子囊梗和孢子囊

全世界已报道有10种疫霉，中国已知有7种。主要有2种：*Phytophthora citrophthora*（称柑橘褐腐疫霉）和 *Phytophthora nicotianae* van（称烟草疫霉）。就全国来说柑橘褐疫霉和烟草疫霉较普遍，但目前广东只发现烟草疫霉1种。此外，柑橘生疫霉、恶疫霉、棕榈疫霉、樟疫霉也是该病病原，均属假菌界卵菌门。柑橘褐疫霉：孢子囊变异很大，近球形、卵形、椭圆形、长椭圆形至不规则形，孢子囊具乳突，大多1个，常可见到2个，大多明显，厚度$4\mu m$左右；孢子囊脱落具短柄，平均长度小于或等于$5\mu m$。异宗配合。藏卵器球形，壁光滑，一般不易产生。雄器下位。除为害柑橘茎基部、果实、叶片和枝梢外，还为害柠檬、甜橙、草莓、茄子、青菜、番木瓜等。

传播途径和发病条件 以菌丝体在柑橘幼苗病组织内遗留在土壤中越冬，也可以卵孢子在土壤中越冬，翌年条件适宜时病部产生孢子囊，借风雨传播，侵入后，经3天潜育即发病，以后病部又产生大量孢子进行再侵染，致病害扩展。雨季、湿度大易发病。柑橘结果期阴雨连绵的四川、湖南常造成果实霉烂，引起大量落果，地势低洼的橘园苗疫病及脚腐病严重，成树被毁。广东结果后期至采收季节，雨季已过，晴天多，则很少烂果，且发病轻。

防治方法 （1）精心选择苗圃，要求选择地势稍高、土质疏松、排水良好的地方。（2）精心养护，增强树体抗病力。（3）发病初期喷淋3.3%腐殖钠·铜（治腐灵）水剂300～500倍液或68.75%恶酮·锰锌水分散粒剂1200倍液或44%精甲·百菌清悬浮剂600倍液、560g/L嘧菌·百菌清悬浮剂700倍液，隔10天1次，防治2～3次。（4）发现脚腐病及时将腐烂皮层刮除，并刮掉病部周围健全组织0.5～1cm，然后于切口处涂抹3.3%腐殖钠·铜膏剂原药，5～10天涂1次，重的可涂2次，30～40天康复。

柑橘褐色蒂腐病

柑橘褐色蒂腐病是由柑橘树脂病病菌侵染的储藏后期病害。我国柑橘产区均有发生，是从果蒂部开始发病的一种成熟果实病害，尤以冬季易遭冻害地区、管理上不去的果园发病严重。

症状 多见于果实蒂部，发病果实果蒂干枯，一碰就脱落，果蒂周围呈水渍状黄褐色腐烂，逐渐向果心、果肩和果腰部扩展，变成褐色至深褐色，病部边缘呈波纹状，与黑色蒂腐病相似。褐色蒂腐病病果皮革质，有韧性，手指按压不易破损，无黏液流出。从病斑自果蒂向果脐扩展过程中果心腐烂较快，当果皮变色扩大至果面1/2～2/3时，果心已全部腐烂，又称穿心烂。最后全果腐烂，可见白色菌丝体和黑色小粒点，即

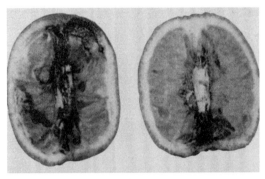

柑橘褐色蒂腐病

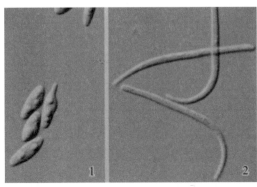

柑橘褐色蒂腐病菌柑橘间座壳的分生孢子（黄峰提供）

1—α型分生孢子；
2—β型分生孢子

产生的分生孢子器。

Diaporthe citri 称柑橘间座壳，无性型为 *Phomopsis citri*，称柑橘拟茎点霉，与柑橘树脂病病原相同。

传播途径和发病条件 病菌以菌丝、分子孢子器和分生孢子在病枯枝、病树干的树皮上越冬，条件适宜时产生分生孢子，有时也可产生子囊孢子，借风雨、昆虫传播，落在果蒂部的病菌就在果皮上存活、当果蒂产生离层时，表面有水或湿度足够高时孢子萌发，从果蒂中部的维管束侵入果心。落在果面的孢子有可能萌发，腐生在果蒂组织表面，当离层形成时其菌丝再侵入果心；或落在果面的孢子很快萌发侵入果皮细胞内潜伏，当果实成熟时再扩展。

防治方法 参见柑橘黄斑病，柑橘青霉病和绿霉病。

柑橘黑色蒂腐病

柑橘黑色蒂腐病又称焦腐病，该菌还侵染枝梢，生产上以侵染果实引起储藏期果实腐烂为重，造成损失很大。各柑橘产区均有发生。以甜橙、宽柑橘、柚及柠檬受害重。

症状 未见青果发病，主要发生在采收后储运期受害重。染病初期果蒂四周的果皮产生水渍状浅褐色软腐状病斑，后迅速向外扩展，产生暗紫褐色，边缘呈波纹状，油胞破裂处溢出棕褐色黏液。病部果皮特软，按压时易破损，从腐烂处果蒂向果脐扩展，待果皮变色，病斑尚未扩展到果脐时，果心腐烂已抵达果脐，出现穿心烂，纵剖病果时，可见腐烂中心柱及果肉变成黑色，湿度大时病果上长出污白色至橄褐色绒毛状菌丝，后期菌丝中产生许多小黑粒点，即病菌的分生孢子器。严重的病果失水干缩成僵果。枝梢染病多从小枝梢末端开始，快速向下扩展，病部变成红褐色，树皮裂干，木质部变黑枯死。

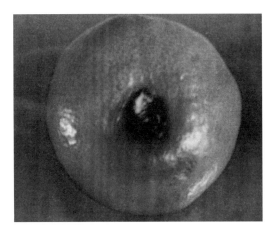

柑橘黑色蒂腐病病果
（陈国庆）

病原 *Botryosphaeria rhodina*称玫瑰葡萄座腔菌，属真菌界子囊菌葡萄座腔菌属。无性型为*Lasiodiplodia theobromae*，称可可毛壳色单隔孢。生产上常见。

传播途径和发病条件 病菌以菌丝体或分生孢子器在病梢上越冬，降雨时，从分生孢子器内释放出分生孢子，通过雨水或水流飞溅传播到果实上，着落在柑橘、橙、柚果实上的病菌可潜伏在萼洼与果皮之间，抵抗较长时间的干燥，条件适宜时分生孢子萌发，通过枝叶上伤口、果蒂部剪口或从果蒂和果实产生离层后的缝隙侵入果实。老果园，管理跟不上，果园树势衰弱，枯枝多，发病重。

防治方法 （1）加强橘园管理，做到树势健壮，减少枯枝产生。生产上进行冬季修剪时，及时剪除枯枝和弱枝，携出果园烧毁。（2）田间药剂防治参见柑橘疮痂病。提倡用抑霉唑或噻菌灵500～1000mg/L。

柑橘白粉病

症状 此病主要为害柑橘和橙类的幼嫩枝叶，有时也侵

柑橘白粉病病叶

害幼果。严重时引起枝叶扭曲发黄，造成大量落叶、落果乃致枝条干枯，影响植株生长发育，降低产量。发病初期，在嫩叶一面或双面出现不正圆形的白色霉斑，外观疏松。继霉斑向四周扩展，不规则地覆盖叶面并从叶柄蔓延到嫩茎。病斑下面叶片组织初呈水渍状，后渐失绿变黄。严重时叶片发黄枯萎，脱落或扭曲畸形。干燥气候下病部白色霉层转为灰褐色。嫩梢发病，茎组织不变黄，白色霉层横缠整个嫩枝。幼果被害出现僵化，霉层下隐显黄斑。

病原 *Oidium tingitaninum*，称丹吉尔粉孢霉，属真菌界无性型子囊菌。该菌首次在摩洛哥丹吉尔橘上被发现鉴定，菌丝白色半透明，粗4.5～6.7μm，附着器圆形。分生孢子4～8个串生，无色，长椭圆形，大小（35～38）μm×（11～13）μm。分生孢子梗直或斜生，无色，粗12μm，高60～120μm。病原的有性态未发现。

传播途径和发病条件 病菌以菌丝体在病部越冬，翌年4～5月春梢抽长期产生分生孢子，借风雨飞溅传播，在水滴中萌发侵染。菌丝侵入寄主表层细胞中吸收养液，外菌丝扩展为害并产生分生孢子。春、夏、秋三次抽梢期，都可受害，是病原重复侵染所致。雨季或潮湿气候下病害易流行，甜橙、酸橙、四季橘等品种易感病，温州蜜橘中晚熟品种比早熟品种感病，金橘很少见发病。

防治方法 （1）随时剪除感病嫩枝梢，连同被害叶、果一起烧毁，减少菌源量。（2）嫩梢抽发 3 ～ 6cm 时，用 50% 锰锌·腈菌唑可湿性粉剂 600 倍液或 25% 三唑酮可湿性粉剂 1000 倍液，或 70% 锰锌·乙铝可湿性粉剂 800 倍液喷雾，可控梢促果，兼防病害，效果较好。（3）必要时喷洒 12.5% 腈菌唑乳油 2500 倍液。

柑橘大圆星病

症状 又称白星病、褐色圆斑病。华南发生较多，北方盆栽金橘时有发生。初在叶上产生褐色圆形小斑点，大小 3 ～ 10mm，病斑外缘暗褐色，中间灰白色，上生有黑色小粒点，即病原菌分生孢子器。叶柄染病造成叶片脱落。

病原 *Phyllosticta erratica*，称梨游散叶点霉，属真菌界无性型子囊菌。分生孢子器球形至扁球形，黑褐色，大小 110 ～ 154μm，有乳状突起，后破裂出现孔口。分生孢子椭圆形，单胞无色，大小（7 ～ 12）μm×（6.6 ～ 7.0）μm。此外，有报道 *P.citri*（称柑橘叶点霉）、*P.beltranii*（称贝尔特叶点霉）、

柑橘大圆星病病叶

P.citricola（称柑橘生叶点霉）等，均可引起该病。

传播途径和发病条件 病菌以菌丝体或分生孢子器在寄主上或随病落叶留在土壤中越冬，翌年产生分生孢子借风雨传播进行初侵染和再侵染，温暖多湿天气或湿气滞留易发病。

防治方法 （1）加强产地管理，增施有机肥，及时松土、排水，增强树势，提高抗病力。（2）及时清除地面的落叶，集中深埋或烧毁。（3）发病初期喷0.3°Bé石硫合剂或0.5：1：100倍式波尔多液、20%噻菌铜悬浮剂500倍液、20%噻森铜悬浮剂600倍液、50%硫黄·甲基硫菌灵悬浮剂800倍液，隔10天1次，防治2～3次。

柑橘芽枝霉叶斑病

症状 主害叶片，枝梢和果实很少见到病斑。初期病斑呈褪绿的黄色小圆点，一般发生在叶面，渐扩大，最后形成（2.5～3.0）mm×（4.0～5.5）mm的圆形或不正圆形斑。病斑褐色，边缘深栗褐色至黑褐色，具釉光，稍隆起；中部较平凹，由浅褐渐转为褐色，后期长出污绿色霉状物，即为病菌的分生孢子梗和分生孢子；病部透穿叶两面，其外围无黄色晕圈，病健组织分界明显，以之与柑橘溃疡病和棒孢霉引起的褐斑病相区别。此病与炭疽病褐色病斑不易区别，炭疽斑后期形成的分生孢子盘常呈轮纹状排列，镜检时形态学的差异更大。

病原 *Cladosporium* sp，称一种芽枝霉，属真菌界无性型子囊菌。分生孢子梗单生或束状丛生，黄褐色，粗3～4μm，长32～50μm。分生孢子成短链串生或单生，椭圆形至短杆形，具隔膜1～2个，光滑，浅色或近无色，大小（4～13）μm×（2.1～3.5）μm。本种与柚菌核芽枝霉*C.sclerotiophilum*很相似，但后者有（400～500）μm×（80～160）μm的黑色菌核，分生

温州蜜橘芽枝霉叶斑
病症状

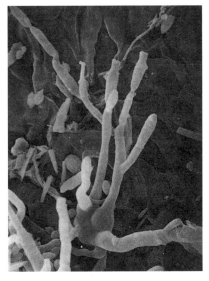

芽枝霉菌的分生孢子梗

孢子梗生于菌核上。

传播途径和发病条件 病菌以菌丝在病残组织内越冬。翌年3～4月产生分生孢子，借风雨传播，飞溅于叶面，在露水中萌发芽管，从气孔侵入为害，进而又产生分生孢子进行再侵染，直至越冬。春末夏初气候温湿，有利病菌侵染，6～7月和9～10月是主要发病期。甜橙比柑橘和柚类感病，老龄及生长弱的植株易发病。头一年生的老叶片发病多，当年生春梢上的叶片少量感病，夏、秋梢上的叶片不发病。由此可见，病原在寄主体内的潜育期是比较长的。

防治方法 参见柑橘棒孢霉褐斑病。

柑橘棒孢霉褐斑病

症状 又称柑橘褐斑病、柑橘棒孢霉叶斑病、柑橘棒孢霉斑病。病害主要发生在叶上，也侵染当年生成熟嫩梢和果实。病斑圆形或不正圆形，大小3～17mm，一般5～8mm。发病初期，在叶面散生浅色小圆点，后渐扩大，形成穿透叶两面、边缘略隆起深褐色、中部凹陷黄褐至灰褐色的典型病斑，此斑外缘具明显的黄色晕环。一张叶上，常出现病斑一至数个，少数叶多达十余个。在柑橘溃疡病发生区，两者病斑易混淆，应注意区别。天气潮湿多雨时，病部长出黄褐色霉丛，即病原分生孢子梗和孢子，病部黑腐霉烂。气温高时，叶渐卷曲，重病叶大量焦枯脱落。由于品种不同，上述症状的表现程度有一定的差异。果实和梢上的病斑近圆形，褐色内凹，大小2～4mm，病斑外缘微隆起，周围无明显的黄色晕圈。果上病斑较光滑，木栓化龟裂程度小或不裂开，隆起度无溃疡病斑突出，中部凹区较宽坦。

病原 *Corynespora citricola*，属真菌界无性型子囊菌。分生孢子梗丛生于子座上，子座由假柔膜组织融结成，不规则圆形或球形，深褐色，大小30～90μm。孢子梗顶端孔生出分生孢子，分生孢子脱落后孢梗之端部另长出一小节再孔生出孢子；在PDA培养基上菌丝埋生于基物内，外生菌丝分枝多，有横隔膜，无色光滑，大小为1.5～5μm。群体生长时菌落灰白色，疏松，生长迅速。分生孢子梗棍棒状，直立或稍曲，橄榄褐色，端部钝圆并具一生长孔，基部膨大呈圆球形，单生或2～24根丛生。孢子梗宽4.2～6.9μm，长84～244μm，具隔膜3～7个。当培养基质地呈半固态时，分生孢子梗多由外生营养菌丝分化形成，单生，偶有数根丛生，个别有分枝现象。从寄主叶上产生的分生孢子无色至浅褐色，倒棍棒形，光滑，稍曲，端部钝圆，单生或2～3个串生。分生孢子大小（4.2～7.0）μm×（65.1～113.5）μm。在PDA培养基上的分生孢子长度可达245μm，3～5个隔膜。

分生孢子在26℃下保湿培养，4h左右基本都能萌发，在蒸馏水中发芽率为95.6%；在1%葡萄糖液中为97.4%，菌丝生长很快；在5%甜橙叶浸出液中为95.6%。能萌发产生芽管的细胞，都在分生孢子两端，中部细胞从未见过萌发。

柑橘棒孢霉褐斑病病叶上的病斑放大

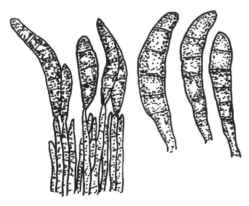

柑橘棒孢霉分生孢子梗及分生孢子

传播途径和发病条件 病菌在坏死组织中以菌丝体或分生孢子梗越冬，暖热地区分生孢子也可越冬。次年春季，产生侵染丝，从叶面气孔侵入繁殖，8～9月出现大量病斑。继后，从新病斑上产生分生孢子进行重复侵染，在叶内潜育或形成小病斑越冬，翌年4～5月，再次出现为害高峰，干燥气候下发病轻，雨日多或橘园通风透光差、修剪不好的果园发病重。

根据在贵州进行的调查，常见品种都可受到侵染，橙类发病相对较重，橘类次之，柚类偶见。就树龄和寄主生长期而言，老年树重于幼树，春梢及成熟叶片重于夏、秋梢和嫩叶。一般情况下，此病不会造成严重灾害。目前，褐斑病经济重要性虽不大，但应引起关注和监测。

防治方法 （1）加强橘园管理，抓好科学用水和用肥，合理修剪，培育壮树，提高寄主的自身抗病性。（2）合理防治矢尖介壳虫和柑橘红蜘蛛等害虫。（3）发病初期喷洒50%异菌脲可湿性粉剂1000倍液、60%唑醚·代森联水分散粒剂1000倍液、60%戊唑醇·丙森锌可湿性粉剂1500倍液、75%肟菌·戊唑醇水分散粒剂3000倍液。

柑橘黄斑病（柑橘树脂病）

柑橘黄斑病又称脂斑病、脂点黄斑病，柑橘树脂病，世界各柑橘产区均有不同程度发生，我国各柑橘产区、各类柑橘上均有发生，以柚类产区受害最重。病原菌主要侵害叶片和果实，造成叶片提早脱落，树势衰弱，严重影响产量。受害果皮形成脂斑或黄斑，致使果实外观果实品质下降。柑橘树脂病也是柑橘黄斑病的一种。树脂病因发病部位、发病时间不同又称流胶病、砂皮病、黑点病等。我国在20世纪30年代发现黄斑病也侵染病果，40年代出现田间病株，现在国内各柑橘产区均有分布。为害柑橘枝干、叶片和果实，在枝干上发生的是树脂病或流胶病，在叶片和幼果上发生的是砂皮病或黑点病，在接近成熟及成熟果实上发生的是褐色蒂腐病，在柑橘发生冻害后常严重发生，造成局部毁园和大量减产。

症状 柑橘黄斑病主要侵染叶片，也侵染枝梢和果实。叶片症状有黄斑型、褐色小圆星型和混合型，果实症状分为黄斑型和脂斑型两种。

1.叶片症状。（1）黄斑型叶片症状。主要发生在春梢叶片上。染病叶片初在叶背产生针头大小的黄绿色小点，对光透视呈半透明状，后扩展成圆形至不规则形黄色斑块，随菌丝在叶片组织中生长，细胞膨胀后向叶背突起成泡疹状浅黄色小粒点，几个乃至数十个群生在一起，小粒点颜色变深，变成坚硬粗糙的脂点或斑块或脂斑或斑驳状，在柠檬、粗柠檬、高感柑橘上症状出现早，病斑黄色，至黑褐色颗粒状突起前就脱落。在葡萄柚、常山胡柚、琯溪蜜柚、沙田柚和文旦柚等感病品种上病斑较为限制，后期产生黑褐色颗粒状突起。（2）褐色小圆星型。主要发生在秋梢上，初生芝斑大小的斑点，后扩展成直径0.1～0.5cm圆形或椭圆形边缘黑褐色病斑，中间渐变灰白，散生黑色小茸点。（3）混合型。黄斑型和褐色小圆星型发生在同一叶片上。

2.果实症状。病果通过皮孔侵入果实，引起少量细胞死亡。症状也分黄斑型和脂斑型。（1）黄斑型。果实于7～8月出现大小不一、形状不规则的黄色斑块，随着果实的发育，黄斑更加明显。（2）脂斑型。最初在果实表皮的油腺之间产生针头状黑色小点，逐渐扩大，多个小点融合形成大小不一的脂斑。

3.枝干症状。柑橘树脂病。枝干染病，表现流胶和干枯两种类型。（1）流胶型：病部初呈灰褐色水渍状，组织松软，皮层具细小裂缝，后流有褐色胶液，边缘皮层干枯或坏死翘起，

黄斑型病叶（陈国庆）

田间感病叶片

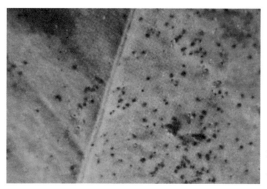

柑橘树脂病叶片上的
小黑点（姚廷山摄）

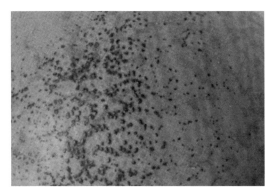

柑橘树脂病果实上的
小黑点（姚廷山）

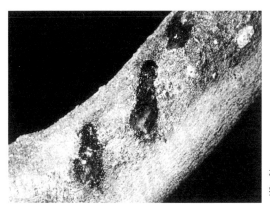

柑橘树脂病枝干上的
症状

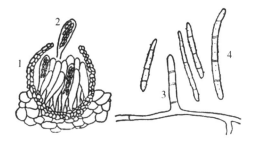

柑橘球腔菌形态
1—假囊壳；2—子囊
和子囊孢子；3—分
生孢子梗；4—分生
孢子

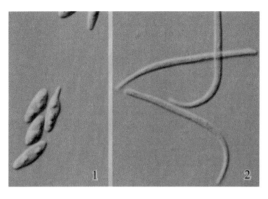

柑橘间座壳菌的分生
孢子
1—α 型分生孢子；
2—β 型分生孢子

造成木质部裸露。（2）干枯型：皮层初为红褐色、干枯稍凹陷，皮层不易脱落，流胶不明显，病皮下生有黑色小粒点。

病原 *Mycosphaerella citri* 称柑橘球腔菌，属真菌界子囊菌门球腔菌属。无性型为 *Stenella citri-grisea* 称橘疣丝孢。假囊壳产生在开始腐烂的落叶上，丛生，近球形，黑褐色，有孔口，直径65～85μm，高80～96μm。子囊倒棍棒状，成束着生在假囊壳基部，大小（31.2～33.8）μm×（4.7～6.0）μm。子囊孢子呈2行排列在子囊内，双胞，无色，长卵形，一端钝圆，一段略尖，大小（10.4～15.6）μm×（2.6～3.4）μm。

传播途径和发病条件 病菌以假囊壳吸水膨胀弹射子囊孢子，借风雨经气流传播到叶片背面，遇水后产生腐生的菌丝，在叶背面进行腐生生活，当腐生菌丝接触到气孔时便产生附着胞从气孔钻入叶背面的叶肉细胞，其潜伏期长短与柑橘品种有关，即使在适宜环境条件下又是高感品种也需45～60天才发病。侵染主要发生在夏季，叶片黄斑型症状多在入秋后显症，褐色小圆星型则多在冬季和翌年春季大量出现。落叶多见于晚冬和早春。在黄斑型病斑上，分生孢子仅很少在腐生型菌丝上见到，说明黄斑型病斑上产生的分生孢子在该病循环中作用不大。

防治方法 （1）清洁果园。秋季落叶严重果园采果后结合翻耕施肥将病叶翻入土中；春季发病落叶严重时应及时清除落叶，集中烧毁。（2）加强管理。合理施有机肥，防止偏施氮肥，增强树势、提高抗病力十分重要。（3）及时喷药保护。该菌孢子萌发后不立即侵入寄主组织，这个特性对药剂防治极为有利。有效杀菌剂有：①铜制剂有波尔多液、氢氧化铜、氧化亚铜等。波尔多液残效期长，但高温干燥时不宜使用以防发生药害。②麦角甾醇合成抑制剂类杀菌剂有：咪鲜胺、咪鲜胺锰盐、苯醚甲环唑、腈菌唑等。③甲氧基丙烯酸酯杀菌剂有：嘧菌酯、醚菌酯和吡唑醚菌酯等。应用这类杀菌剂可在5月下旬和6月上旬喷洒，可兼防黑点病，但该菌极易产生抗药性，建议每个生长季节不宜超过2次。

柑橘黑腐病

柑橘黑腐病又称黑心病，多侵害成熟果实，储藏期发病更严重，此病在我国各橘产区均有分布，干旱产区发病尤重。

症状 主要为害果实。病斑外观深褐色，凹陷，深及果肉或达果心，病果肉暗灰色。温州蜜柑染病，果面近脐部变黄，后病部变褐，呈水渍状，扩展后呈不规则状，四周紫褐色，中央色淡，湿度大时，病部表面长出白色菌丝，后转为墨绿色，致果瓣腐烂，果心空隙长出墨绿色绒状霉，严重的果皮开裂；幼果染病，多发生在果蒂部，后经果柄向枝上蔓延，造成枝条干枯，致幼果变黑或成僵果早落。

早橘、曼橘、本地早等橘类，病菌主要从脐部小孔或伤口侵入，致病部果皮呈水渍状，失去光泽，后变黄褐色，果心变墨绿色，具霉状物。

柑橘果实黑腐病病果

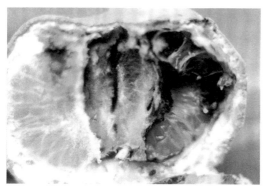

柑橘黑腐病果实剖面

柑橘黑腐病病菌柑橘
链格孢的分生孢子

病原 *Alternaria citri*，称柑橘链格孢，属真菌界无性型子囊菌。分生孢子梗单生，分枝或不分枝，浅褐色，有分隔，（30～117.5）μm×（2.5～4.5）μm。分生孢子单生或成短链，链有时具短分枝，成熟分生孢子多数卵形、褐色，具横隔膜3～6个，纵、斜隔膜1～8个，分隔处略缢缩。初生分生孢子（30～41.5）μm×（13～19）μm，次生分生孢子（20～35.5）μm×（9～16.5）μm。分生孢子无喙。侵染柑橘、甜橙、橘、蕉柑等。近年有认为使用柑橘链格孢作为黑腐病病原并不合适，建议使用A.alternata作为黑腐病的病原，形态特征参见柑橘褐斑病病原。

传播途径和发病条件 病菌以分生孢子随病果遗落地面或以菌丝体潜伏在病组织中越冬，翌年产生分生孢子进行初侵染，幼果染病后产出分生孢子，通过风雨传播进行再侵染。高温多湿是本病发生的重要条件。适合发病气温28～32℃，橘园肥料不足或排水不良，树势衰弱、伤口多发病重。

防治方法 （1）加强橘园管理，在花前、采果后增施有机肥，做好排水工作，雨后排涝，旱时及时浇水，保证水分均匀供应。（2）及时剪除过密枝条和枯枝，及时防虫，以减少人为伤口和虫伤。（3）发病初期喷75%百菌清可湿性粉剂600～800倍液或50%异菌脲可湿性粉剂1000倍液、80%代森锰锌可湿性粉剂600倍液、30%戊唑·多菌灵悬浮剂1000倍液、20%唑菌胺酯水分散粒剂3000～4000倍液。

柑橘褐斑病

又称链格孢褐斑病，在中国2010年才有该病发生的正式报道，近年重庆红橘、湖南、云南、局部地区椪柑，浙江瓯柑，广西、广东的贡柑上暴发成灾，造成新梢枯死，幼果脱落，严重的绝产，成为这些地区柑橘生产上最重要的问题。橘类及一些橘柚和橘橙杂交种对褐斑病尤为敏感。

柑橘褐斑病病果
（梅秀风摄）

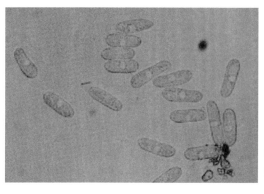

柑橘褐斑病病菌的分
生孢子（梅秀风摄）

症状 尚未完全展开的嫩叶发病，病斑褐色，细小，中央少数细胞崩解，变透明或脱落，四周褐色，外围黄色晕圈不明显，病斑多时病叶易脱落。展叶后的叶片染病，产生褐色不规则形病斑，大小不一，四周有明显的黄色晕圈，褐色坏死常沿叶脉上下扩展，病斑常呈拖尾状，病叶易脱落。嫩梢染病，很快变黑褐色，萎蔫枯死，木质化的新梢染病，产生深褐色下陷的坏死斑。幼果染病产生凹陷的黑褐色病斑，病果很快脱落。

病原 *Alternaria alternata* pv. citri 称链格孢橘致病型，属子囊菌门链格孢属真菌。*A. alternaria* pv. *jambhiri* 称链格孢粗柠檬致病型。前者侵害橘，后者侵害柠檬和来檬引起叶斑。橘致病型产生橘专化性毒素（ACT），粗柠檬致病型产生粗柠檬专化型毒素（ACRL）。病菌分生孢子梗单生或成簇，淡褐色至褐色，具隔膜。顶端产生倒棍棒形或椭圆形的分生孢子，链生或单生，分生孢子褐色，横隔膜3～8个，纵、斜隔膜1～4个，分隔处略缢缩，大小（22.5～40.0）μm×（8～13.5）μm。喙细胞短柱状或锥形，浅褐色，隔膜0～1个，大小为（8～25）μm×（2.5～4.5）μm。

传播途径和发病条件 病菌以菌丝和分生孢子在病组织叶片、枝梢及果实上越冬，翌春，条件适宜时菌丝产生分生孢子，通过气流传播，当遇到合适的寄主组织，还有自由水时萌发侵入。该菌接种24小时即可产生症状，病斑上很快产生分生孢子，经风雨传播进行再侵染。我国栽培的橘类中红橘、瓯柑、项柑、碰柑、八月橘易感病，而温州蜜橘和砂糖橘则抗病。

防治方法 （1）选用抗病品种。在发病严重地区或新发展橘园应避免种植高感品种，或考虑高接换种改为高病品种。（2）培育和种植无病苗木。对尚未发生褐斑病的地区切忌从病区调苗。在病区如果种植感病品种，要使用无病苗木。使用无病苗木可保持新建橘园较长时间无病。苗园不使用喷灌，防止发病。（3）加强栽培管理。全肥施肥，防止氮肥过量，控制过量新梢抽发，可避免树冠郁闭，减少感病组织，减轻发病。结合冬季或早春修剪，彻底剪除病虫枝，并全面喷施石硫合剂、铲除剂，杀死在老叶病斑上的病菌。（4）及时喷药保护橘园。春梢长约3cm时第一次用药时间十分关键，可减少侵染源数量。第二次喷药掌握在落花2/3左右时，此后每隔10天左右1次，直到新梢老熟和进入幼果期。当果实停止增大时，抗性增加，可停止用药。防治褐斑病药剂主要是铜制剂，包括氢氧化铜、氧化亚铜、氧氯化铜及二甲酰亚胺类杀菌剂如异菌脲、腐霉利等；田氧基丙烯酸酯类杀菌剂嘧菌酯、醚菌酯、吡唑菌酯及混配剂每种每年不超过2次，防止产生抗药性。

柑橘干腐病

症状 引起柑橘主枝、侧枝干腐和果实干腐。柑橘主枝、侧枝干腐病症状：多在枝干上散生表面湿润不规划的暗褐色病斑，病部溢出褐色黏液，后成为凹陷黑褐色干斑，受害处密生很多黑色小粒点。果实干腐病，是贮藏中的常见病害，大田也偶见发生。无膜包装、通风透气的贮库中，此病发病率较高。初期症状为圆形略褪黄的湿润斑，果皮发软；后病斑向四周扩展，渐呈褐色至栗褐色，病部干硬略下陷，斑缘病健界限明显，成为干疤。病部多发生在果肩至蒂部，在高温适湿情况下，病原从蒂迹侵入，沿果柱达果心，乃至侵害种子。一般情况下，病菌只侵害果皮或仅侵入紧贴病斑皮下之果肉。果园症状与炭疽病发生在果蒂四周的干斑极难区别。气候干燥时常挂枝上，多雨时易脱落。落地果由于湿度大，病部长出白色气生菌丝，果始腐烂。后期，在菌丝层上出现红色霉状物，炭疽病菌则为灰黑或黑褐色霉层，以此相区别。

病原 引起主、侧枝干腐病的病原为*Botryosphaeria dothidea*，称葡萄座腔菌，属真菌界子囊菌门。引起果实干腐病的病原主要是镰孢菌属的多种真菌，国内外分离报道的达十几种，分离频率高的种类有小孢串珠镰孢菌*Fusarium moniliforme*、腐皮镰孢菌*F.solani*、尖镰孢菌*F.oxysporum*、砖红镰孢菌*F.lateritium*、异孢镰刀菌*F.heterosporium*等。

传播途径和发病条件 柑橘主、侧枝干腐病以菌丝、分生孢子器及子囊壳在枝干发病部位越冬，翌春产生孢子借风雨传播，从伤口侵入。柑橘果实干腐病初侵染源来自腐烂的有机物或运储工具上的分生孢子，以风雨飘传为主。采收季节如遇多雨天气，病菌传播量多。柑橘、甜橙类受害重，柚类受害轻，10～15℃下储藏发病较重。病菌除从蒂迹等自然孔口侵

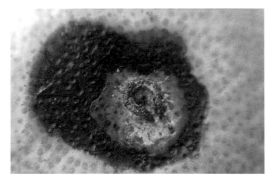

柑橘干腐病病果

柑橘干腐病病果

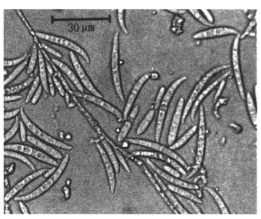

柑橘果实干腐病病菌
尖孢镰孢大型、小型
分生孢子

入外，还可从果皮上微小伤口侵入引起发病。

[防治方法] （1）晴天采收果实，选无伤口、蒂全的健壮果储藏。（2）储藏装箱时，用200mg/kg的2,4-D加800倍多菌灵可湿性粉剂稀释液，浸果2min后晾干，多果塑料膜大包装入箱存放。2,4-D能防止果蒂脱落，阻止病菌从自然孔口侵入；多菌灵能杀死果皮外的病菌分生孢子，抑制孢子芽管萌发生长。（3）注意调节储藏期库房的温、湿度，特别要让果实呼吸作用之气体能畅排。

柑橘酸腐病

柑橘酸腐病是一种发生在柑橘果实上的储运病害，是最难防治的病害之一。我国柑橘产区发生普遍，尤其是冬季气温较高的地区发病后造成柑橘果实腐烂。

[症状] 柑橘酸腐病多发生在成熟果实上，尤其是储运较久的果实上。病菌从伤口或果蒂部侵入，病部先变软，变成水渍状，酸腐的外表易脱落，病斑扩展到2cm时易下陷，病部长出致密的薄霉层，即病原菌的气生菌丝和分生孢子，后表面白霉状，果实腐烂流水，侵及全果，果实腐败后产生酸臭味。

柑橘酸腐病病果

病原　*Galactomyees citri-auantii* 称酸橙乳霉，属子囊菌门乳霉属真菌，无性型为 *Geotrichum citriaurantii*，称酸橙地霉。

该菌广泛分布在土壤中、空气中，菌落长生，乳白色似酵母状，营养菌丝体无色分枝、多隔膜，老熟菌丝分枝，隔膜多，最后在隔膜处逐渐发展为串生的节孢子，断裂后节孢子分散。节孢子初矩圆形，两端平截，迅速成熟，成为桶状或近椭圆形。菌丝大小（8.2～25.1）μm×（3.1～8.5）μm，分生孢子大小为（3.4～11.8）μm×（2.3～4.8）μm。

传播途径和发病条件　病菌随腐烂果或通过雨水传到土壤，翌年柑橘成长期、尤其是成熟期，分生孢子通过空气或雨水传播到果实表面，通过伤口侵染成熟的柑橘果实，病果上产生的分生孢子通过空气或雨水传播，进行二次侵染；在储藏期、主要通过病果残留物接触传播。该菌在26.5℃生长最快，15℃以上才引起果实腐烂，24～30℃和较高的湿度下，5天内病果全部腐烂。

防治方法　（1）采前综合防治　①加强害虫治理，做好病虫害预报、及时防治。栽培过程中防止果实受伤。②采前半月用双胍辛烷苯基磺酸盐1000mg/L喷树冠，控制该病发生。③发现病果及时摘除，集中深埋或烧毁。（2）采后防治。果时采收、储运过程中要轻拿轻放，防止果皮受伤。提倡用醋酸双胍盐500mg/L或双胍辛烷苯基磺酸盐1000mg/L或1%～2%邻苯酚钠溶液浸洗果实，只要处理及时，防效高。最好采收当天进行防腐保鲜处理，最迟在3天内处理完。（3）改进储藏条件。①控制温度和湿度，甜橙类和宽皮柑橘储藏库的温度为5～8℃，柚类为5～10℃、柠檬为12～15℃。甜橙、柠檬相对湿度90%～95%，宽皮柑橘、柚类为85%～90%。②使用薄膜进行单果包装，注意防止病果、烂果流出的汁液与健果接触。

柑橘油斑病

柑橘油斑病又称脂斑病、油胞病、虎斑病等，是一种影响柑橘鲜果商品性的重要的生理病害，全国各地都有发生，重庆、四川、湖北、湖南、江西、浙江等柑橘产区都有发生，据2010年重庆、忠县、江津等产区调查，病株率高达10%～90%，单株病果率15%～90%。

症状 病斑圆形、多边形或不规则形，初为淡黄色，后变黄褐色，油胞初突出明显，后干缩，病健交界处青紫色。采收前和储藏期均可发病，但主要发生在储藏后1个月左右。

病因 发生理性病害，由风害、机械伤或叶蝉为害所致。同一品种，采收越晚，发病越重。采收期雨多、风大，发病多。久旱后连续降雨，气温骤然下降，雨后或露雾未干采果都会引致油斑病的发生。果实着色期，施用松脂合剂、石硫合剂等碱性药剂，加之晚上温度低，湿度高，易诱发本病大发生。

防治方法 （1）在不影响果实固有品种的固有风味、品质条件下，适时提早采收。（2）避免在雨湿及早上露水未干时采果，采摘、挑选、装箱等过程中轻拿轻放，注意避免造成各种机械伤。（3）治虫防病，参见有关叶蝉防治法。（4）果实套袋可显著减轻本病发生。

柑橘油斑病病果

柑橘青霉病和绿霉病

柑橘青霉病主要侵染储藏期的果实，也可侵害田间的成熟果实，采果期间雨日多易发病，近地面的果实很易染病。

绿霉病是一种发病率极高的病害，我国柑橘产区普遍发生，柑橘绿霉病发生后造成柑橘果实腐烂。在中国柑橘腐烂损耗可达25%～30%，生产上柑橘青霉病和绿霉病引起的果实腐烂约占果实总腐烂数的80%。柑橘绿霉病和青霉病发生比例约为1：1。

症状 发病初期两病均于果面上产生水渍状病斑，组织柔软且易破裂；一般3天左右病斑表面中央长出白色霉状物即菌丝体，后于霉斑中央长出青色或绿色粉状霉，即分生孢子梗和分生孢子；边缘留一圈白色霉层带。后期，病斑深入果肉，引起全果腐烂。青霉病多发生在贮藏前期，白色霉层带较狭，1～2mm，呈粉状，病部水渍状外缘明显，整齐且窄，霉层不会黏附到包果纸或其他接触物上，但具发霉气味。绿霉病多发生于贮藏中、后期；初在果皮上出现水浸状小斑块，软化，不久即扩成水浸状圆形斑点，生出白色菌丝，菌丝迅速扩大占据病斑中央，呈橄榄绿色，但周围菌丝白色，白色霉层带宽8～18mm，水渍状外缘不明显，不整齐且宽；霉层易黏附到包装纸或其他接触物上，且具芳香气味。

病原 *Penicillium citrinum* Thom 称橘青霉，属真菌界子囊菌门无性型。菌体帚状枝典型双轮生，不对称，分生孢子梗多数由基质长出，壁光滑，带黄色，长50～200μm；梗基2～6个，轮生在分生孢子梗上，明显散开，端部膨大；小梗6～10个，密集而平行，基部圆瓶形；分生孢子链为分散柱状，分生孢子球形或近球形，2.2～3.2μm，光滑或接近光滑。引起柑橘青霉病；*P.digitatum*，称指状青霉，引起绿霉病。均

柑橘青霉病病果

柑橘绿霉病病果

柑橘青霉的分生孢子梗与分
生孢子

属真菌界无性型子囊菌。指状青霉分生孢子梗着生在菌丝上，帚状枝，多双层轮生，分生孢子梗圆筒形，（70～150）μm×（5～7）μm，分生孢子椭圆形，单胞无色，（6～8）μm×（2.5～5）μm，引起绿霉病。

传播途径和发病条件 这两种病原菌一般腐生于各种有机物上，产生分生孢子，借气流传播，通过各种伤口侵入为害，也可通过病健果接触传染。青霉病病菌发育适温18～28℃，绿霉病病菌发育适温25～27℃；相对湿度95%～98%时利于发病；采收时果面湿度大，果皮含水多发病重。充分成熟的果实较未成熟的果实抗病。

防治方法 （1）抓好果实的采收、包装和运输工作。尽量避免果实遭受机械损伤，造成伤口；不宜在雨后、重雾或露水未干时采收。（2）储藏库及其用具消毒。贮藏库可用10g/m³硫黄密闭熏蒸24h；或与果篮、果箱、运输车箱一起用50%甲基硫菌灵可湿性粉剂200～400倍液或50%多菌灵可湿性粉剂200～400倍液消毒。也可用40%双胍三辛烷基苯磺酸盐可湿性粉剂1000～1500倍液浸果1min，捞出后晾干包装。（3）果实处理。采收前1周喷洒40%双胍三辛烷基苯磺酸盐可湿性粉剂1000～1500倍液或42%噻菌灵悬浮剂400～600倍液、25%咪鲜胺乳油800倍液。采后用50%抑霉唑乳油500～1000倍液浸果30s，取出晾干，装箱贮存，防治青霉、绿霉菌危害。

柑橘膏药病

柑橘膏药病主要是白色膏药病和褐色膏药病，在我国柑橘种植区均有发生，一般情况下为害不重，仅影响植株局部枝干的生长发育。发病重的染病枝干变得纤细或枯死。主要侵害大枝和树干，严重时引起枝枯。分布在福建、台湾、湖南、广东、广西、四川、贵州、浙江、江苏等省。

症状 此病全国橘区都有，东南亚国家的一些橘园发生更重。我们在马来西亚怡堡市郊的柚林中，曾看到大、小枝干上密密麻麻地贴上"膏药"，给人入病林之感。一般情况下，此病危害性不大，仅影响植株局部干枝的生长发育，严重发生时，受害枝变得纤细乃致枯死。病害多发生在老枝上，湿度大或树冠蔽荫时叶也受害。被害处如贴上一张中医用的膏药，故得此名。除柑橘外，桃、李、梨、杏、梅、柿等果树上也有发生。由于病菌不同，症状有如下区别：枝干上的症状，初期先附生一层圆形至不规则形的病菌子实体，后不断向茎周扩展乃致包缠枝干。白色膏药病菌的子实体表面较平滑，初呈白色，后期视气温和湿度不同而转呈灰白色或保持白色。褐色膏药病菌的子实体较前者隆起，表面薄绢状，初呈灰白色，后转呈栗褐色，周缘有狭窄的白色带，丝绒状略翘起。这两种病菌之子实体衰老时都易龟裂脱离。叶上症状，初在叶柄或叶基处产生白色菌毡，渐扩展到叶之大部。褐色膏药病极少为害叶。叶上病斑症状与枝上相同。

病原 共有两种：白色膏药病病原为*Septobasidium citricolum*，称柑橘生隔担耳（柑橘膏药病菌），子实体乳白色，表面平滑。在菌丝柱与子实层之间，有一层疏散而带浅褐色的菌丝层。子实层厚 $100 \sim 390 \mu m$，原担子球形、亚球形或洋梨形，$(16.5 \sim 25) \mu m \times (13 \sim 14) \mu m$。担孢子肾形，$(17.6 \sim 25) \mu m \times (4.8 \sim 6.3) \mu m$。上担子为4个细胞，$(50 \sim 65) \mu m \times (8.2 \sim 9.7) \mu m$。褐色膏药病病菌是*Helicobasidium* sp.，属木耳科、卷担子菌属。担子直接从菌丝长出，棒状或曲钩状，由 $3 \sim 5$ 个细胞组成。每个细胞长出1条小梗，每小梗着生一个担孢子。担孢子无色，单胞，近镰刀形。

柑橘枝条上的白色膏
药病

柑橘枝上的膏药病引
发叶枝干枯

传播途径和发病条件 病菌以菌丝体在患病枝干上越冬，次年春季温、湿度适宜时，菌丝生长形成子实层，产生担孢子借气流或昆虫传播。一般情况下5～6月和9～10月高温多雨季节发生较重。两种病菌都吸收蚧类或蚜类分泌的蜜露作为营养，故蚧、蚜多的橘园及荫蔽潮湿和管理粗放的地段发病重。

防治方法 （1）剪除带病枝梢并集中烧毁，合理修剪荫蔽的枝叶，加强农事管理，培养壮树。（2）防治好介壳虫和橘蚜，方法参见本书有关害虫的防治。（3）药杀膏药病病斑。根据贵州省黔南州植保站的经验，膏药病盛发期，用煤油作载体兑加300～400倍的商品石硫合剂晶体喷雾枝干病部；或在冬季用45%石硫合剂晶体30倍液刷浸病斑，效果极好，不久即可使膏药层从干上脱落，对树体安全。（4）发病初期也可选用28%井冈·多菌灵悬浮剂400～500倍液喷洒或涂抹。

柑橘白纹羽病

症状 主要为害根部，病根外部生出白色茸毛状菌丝，严重时覆盖一层，造成根皮变黑枯死，外面干枯病皮套在木质部上，后木质部也变色，后期病根白色菌丝层上长有黑色小粒点，即病菌的有性态子囊壳。

病原 有性态 *Rosellinia necatrzy*，称褐座坚壳菌，属真菌界子囊菌门。无性型为 *Dematophora necatrix*，称白纹羽束丝菌，属真菌界无性型子囊菌。

传播途径和发病条件 该菌菌丝层及菌核在病根上土壤中越冬，条件适宜时，从菌核上长出菌丝侵入健根，病根碰到健根易引起发病。高温多雨，寄主长势弱易发病。主要是通过苗木调运行远距离传播。

防治方法 （1）发现柑橘树枝叶生长不正常时，要及时检视根部，发现根部发病要及时剪除病根，用1：1：100倍式波尔多液或5°Bé石硫合剂消毒。病部面积大可用0.5%～1%

柑橘紫纹羽病（左）
和柑橘白纹羽病（右）
为害状

硫酸铜水溶液灌根。（2）加强管理，增强有机肥，及时排水，促根系发育增强抗病力。（3）围绕树干挖一半径为50～100cm、深度为30cm的环形沟，除去病根及菌核，在坑中灌50%氟啶胺悬浮剂1000倍液50～100kg，待药液渗下后覆土。也可用土壤注射器向根部注射药液。

柑橘裂皮病

我国在20世纪50～60年代以前从国外引进的罗伯生脐橙、华盛顿脐橙、伏令夏橙、脐血橙和尤力克柠檬几乎全部植株已受本病感染；我国原有甜橙品种，包括新会橙、暗柳橙和改良橙受感染也相当多。该病严重侵害以枳、枳橙和红黎檬作砧木的嫁接树，染病柑橘树树势衰弱。

症状 柑橘裂皮病又称剥皮病。此病主要以枳作砧木的甜橙定植后2年开始发病，砧木的树皮纵向开裂，现纵条状纹，新梢少或部分小枝枯死，树冠矮化，叶片小或叶脉附近绿色叶肉黄化，似缺锌状，病树树势弱但开花多，落花落果严重。该病在蓝普莱檬和香橼上潜育期3～6个月，在蓝普莱檬上现长形黄斑，纵向开裂，在香橼上叶脉后弯，叶背的叶脉木栓化裂开。

柑橘裂皮病树干基部纵向开裂

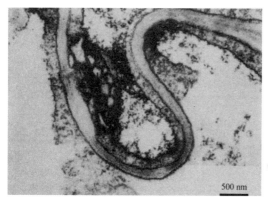

感染柑橘裂皮类病毒
（CEVd）的三七细胞
质膜体

病原 *Citrus exocortis viroid*（CEVd），称柑橘裂皮类病毒。柑橘裂皮类病毒无蛋白质衣壳，是低分子核酸，如把类病毒汁液置于110℃下保持10～15min，仍具致病力。其主要侵染成分是游离核酸，RNA系低分子量，具双链结构，也有单链的。

传播途径和发病条件 病株是初侵染源，除通过苗木或接穗传播外，也可通过工具、农事操作及菟丝子传病。柑橘裂皮病在以枳、枳橙、黎檬和蓝普莱檬作砧木的柑橘树上严重发病，而用酸橙和红橘作砧木的橘树在侵染后不显症，成为隐症寄主。

防治方法 （1）利用指示植物如香橼、矮牵牛、爪哇三七、土三七等诱发苗木症状快速显现，以确定其是否带毒，选用无病母株或培育无病苗木。（2）利用茎尖嫁接脱毒法，培育无病苗木。（3）在病树上用过的刀、剪等农具可传毒，可用5.25%次氯酸钠（漂白粉）配成10～15倍液进行消毒。（4）严格实行检疫，防止病害传播蔓延。（5）对尚有生产前途、发病轻的柑橘树，可采用桥接或通过更换抗病砧木方法，使其恢复树势。（6）新建橘园应注意远离有病的老园，严防该病传播蔓延。

柑橘赤衣病

症状 主要为害枝条或主枝，发病初期仅有少量树脂渗出，后干枯龟裂，其上着生白色蛛网状菌丝，湿度大时，菌丝沿树干向上、下蔓延，围绕整个枝干，病部转为淡红色，病部以上枝叶凋萎脱落。

病原 *Corticium salmonicolor*，称鲑色伏革菌，属真菌界担子菌门。子实体系蔷薇色薄膜，生在树皮上。担子棍棒形或圆筒形，大小（23～135）μm×（6.5～10）μm，顶生2～4个小梗；担孢子单细胞，无色，卵形，顶端圆，基部具小突起，大小（9～12）μm×（6～17）μm。无性世代产出球形无性孢子，单细胞，无色透明，大小（0.5～38.5）μm×（7.7～14）μm，孢子集生为橙红色。属真菌界无性态子囊菌。

传播途径和发病条件 病菌以菌丝或白色菌丛在病部越冬，翌年，随橘树萌动菌丝开始扩展，并在病疤边缘或枝干向阳面产出红色菌丝，孢子成熟后，借风雨传播，经伤口侵入，引起发病。担孢子在橘园存活时间较长，但在侵染中作用尚未明确。

本病在温暖、潮湿的季节发生较烈，尤其多雨的夏秋季，遇高温或橘树枝叶茂密发病重。

柑橘赤衣病

防治方法 （1）在夏秋雨季来临前，修剪枝条或徒长枝，使通风良好，减少发病条件。（2）春季橘树萌芽时，用8%～10%石灰水涂刷树干。（3）及时检查树干，发现病斑马上刮除后，涂抹10%硫酸亚铁溶液保护伤口。（4）发病后及时喷洒70%代森锰锌干悬粉或50%苯菌灵可湿性粉剂800倍液、50%多·硫悬浮剂500倍液，隔20天1次，连续防治3～4次。（5）发现有树脂渗出，要先刮除病皮，再用3.3%腐殖钠·铜膏剂原药涂抹病部，5～10天涂1次，重的可涂2次，30～40天康复。枝条发病时可用3.3%水剂300～500倍液喷雾。

柑橘根结线虫病

柑橘根结根结线虫病在我国长江流域、华东、华南等柑橘产区均有发生，在四川、重庆、贵州、广东、广西、湖南、湖北、江西、浙江、福建等省份均有报道，植株受害轻则表现为生长势衰退，重则凋萎枯死甚至大面积减产，树龄较高该病容易发生。

症状 地上部症状不明显，发病重的叶片发黄缺少光泽，易落叶，枝条干枯。挖开根部，可见根上生出大小不一的

橘根结线虫病症状
（稽阳火摄）

根瘤，刚发生时乳白色，后变成黄褐色至黑褐色，造成老根腐烂，病根坏死。

病原　*Meloidogyne incognita*（称南方根结线虫）和*M.arenaria*（称花生根结线虫）等8种根结线虫。

传播途径和发病条件　根结线虫以卵及雌线虫在土壤和病根内越冬，条件适宜时在卵囊中的卵发育孵化成1龄幼虫蜕皮后产生2龄侵染幼虫，不分雌雄均为线形，2龄幼虫侵入嫩根后在根皮与中柱之间为害，刺激根组织过度生长，先在根尖形成根瘤。在根瘤中的根结线虫再蜕皮3次发育成梨形和线形的雌、雄线虫，交配后，把卵产在卵囊中，卵囊1端露在根瘤之外。

防治方法　整地前每667m^{2}用1.8%阿维菌素乳油500ml，拌细沙25kg均匀撒在地表，然后耕翻10～15cm，防治根结线虫防效90%以上。

柑橘根线虫病

症状　主要为害根部，病原线虫寄生在根皮与中柱之间，致根组织过度生长形成大小不等的根瘤，新生根瘤乳白色，后变黄褐色至黑褐色，根瘤多长在细根上，染病严重的产生次生根瘤及大量小根，致根系盘结，形成须根团，老根瘤多腐烂，病根坏死。根系受害后，树冠现出枝梢短弱、叶片变小、着果率降低、果实小、叶片似缺素、生长衰退等症状，根受害严重的叶片黄化，叶缘卷曲或花多，无光泽，似缺水，后致叶片干枯脱落或枝条枯萎，乃至全株死亡。

病原　*Tylenchulus semipenetrans* Cobb，称柑橘半穿刺根线虫，属植物寄生线虫。雄虫线形，体长169～337μm，体宽10～14μm，吻针退化，有直立精巢1个，交接刺1对，无抱片，具引带。雌虫初龄线形，成熟雌体肥大，前端尖细，

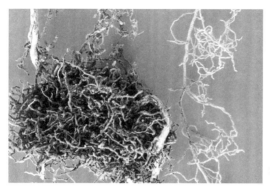

柑橘根结线虫病症状

刺入根皮内不动，后端露在根外，钝圆膨大至梨囊状，体长270～480μm，宽93～118μm，吻针长13～14μm，阴门斜向腹面尾前。

传播途径和发病条件 病原线虫主要以卵或雌虫越冬，翌年当外界条件适宜时，在卵囊内发育成熟的卵孵化为1龄幼虫藏于卵内，后蜕皮破卵壳而出，形成能侵染的2龄幼虫活动在土壤中，遇有柑橘嫩根后2龄幼虫即侵入，在根皮与中柱之间为害，刺激根部组织在根尖部形成不规则的瘤状物。在根瘤内生长发育的幼虫再经3次蜕皮则发育为成虫。雌、雄虫成熟后开始交尾产卵，该线虫在华南一带完成上述循环需50天左右，一年可发生多代，可进行多次再侵染。初侵染源来自病根和土壤，病苗是重要传播途径，水流是短距离传播的媒介，此外，带有病原线虫的肥料、农具、人畜也可传播。该病在通气良好沙质土中发病重，在通气不良的黏重土壤中发病轻。品种间虽有差异，但常见品种均可感病，缺少免疫品种。

防治方法 （1）培育无病苗木，前作最好选择水稻田或禾本科作物。（2）对发病轻的苗木，用50℃温水浸根10min，然后栽植。（3）橘园中发现零星病株要马上防治。把树冠下

6cm左右深的表土挖开，667m²均匀撒施10%噻唑膦颗粒剂2kg或1.8%阿维菌素乳油500ml，拌细沙25kg均匀撒在地表，然后耕翻10～15cm。

柑橘疮痂病

柑橘疮痂病是柑橘的重要真菌病害之一，在我国各种植区均有发生。柑橘成年树及幼苗的叶片和树梢受害后，往往引起落叶、生长不良。果实受害后易落果，病果小而畸形，品质低劣。温度低，湿度大此病较易发生。

症状 柑橘疮痂病又称"疥疮疤""癞头疤""麻壳"等。为害叶片、新梢和果实，尤其易侵染幼嫩组织。叶片染病，初生蜡黄色油渍状小斑点，后病斑渐扩大、木栓化，形成灰白色至暗褐色圆锥状疮痂，病斑一面突出，一面凹陷。严重时病斑常连片，致叶片扭曲畸形。幼叶染病常干枯脱落后穿孔。新梢染病，与叶片症状相似。豌豆粒大的果实染病，呈茶褐色腐败而落果；幼果稍大时染病，果面密生茶褐色疮痂，常早期脱落；残留果发育不良，果小、皮厚、汁少，果面凹凸不平。近成熟果实染病，病斑小不明显。有的病果病部组织坏死，呈癣皮状脱落，下面组织木栓化，皮层变薄且易开裂。

病原 *Sphaceloma fawcettii*，称柑橘痂圆孢，属真菌界无性型子囊菌；有性型*Elsinoe fawcettii*，称柑橘痂囊腔，属真菌界子囊菌门。国内尚未发现有性态。分生孢子盘散生或聚生，近圆形；分生孢子梗无色或灰色，大小（12～22）μm×（3～4）μm；分生孢子单胞，无色，长椭圆形或卵圆形，两端常各含1油球，大小（6～8.5）μm×（2.5～3.5）μm。病菌生长适温15～23℃，最高28℃。

柑橘疮痂病病叶
（阳廷密摄）

柑橘疮痂病病果
（陈国庆）

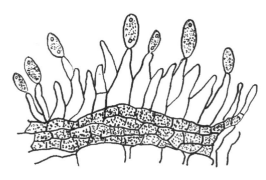

柑橘疮痂病病菌分生
孢子盘及分生孢子

传播途径和发病条件 以菌丝体在病组织内越冬，翌春气温上升到15℃和多雨高湿时，老病斑上产生分生孢子，借风雨或昆虫传播，进行初侵染；潜育期10天左右，新产生的分生孢子进行再侵染，辗转为害新梢、幼果。温度适宜、湿度大易发病；苗木或幼龄树发病重，老龄树发病轻。这是因为苗木和幼龄树抽梢次数多且时期长，增加了感病机会。柑橘各品种间感病性存在差异。橘类易感病，柑类次之，甜橙类较抗病。柑橘各品种中，南丰蜜橘、福橘、柠檬、本地橘、构头橙感病，甜橙、香橼、金柑等较抗病。

防治方法（1）加强苗木检疫。柑橘新区的疮痂病由苗木传带，所以对外来苗木实行严格检疫或将新苗木用50%福·异菌可湿性粉剂800倍液浸30min。（2）加强橘园栽培管理。合理修剪、整枝，增强通透性，降低湿度；控制肥水，促使新梢抽发整齐，加快成熟，减少侵染机会。（3）清除初侵染源。结合修剪和清园，彻底剪除树上残枝、残叶，并清除园内落叶，集中烧毁。（4）药剂防治。因该病菌主要侵染幼嫩组织，喷药重点是保护新梢和幼果。第一次喷药于春芽开始萌动，芽长1～2mm时开始喷75%二氰蒽醌可湿性粉剂700～800倍液或10%苯醚甲环唑水分散粒剂2000倍液、62.25%代·腈菌可湿性粉剂600倍液、68.75%恶唑菌酮·锰锌水分散粒剂1200倍液、24%腈菌·福美双可湿性粉剂1200倍液、32.5%锰锌·烯唑醇可湿性粉剂500倍液、40%苯菌·福美双可湿性粉剂500倍液、2%嘧啶核苷抗生素水剂200倍液。保护春梢用（0.5～0.8）：1：100倍式波尔多液或53.8%氢氧化铜干悬浮剂500倍液。第二次于花落2/3时喷上述杀菌剂，温带橘区还可于5月下旬～6月上旬补喷1次。

柑橘溃疡病

柑橘溃疡病是国内外植物检疫对象，是柑橘生产上重要病害，亚洲国家发生较为普遍，现国内广东、广西、福建、浙江、江西、湖南、贵州、云南的橘产区发生普遍，四川、重庆、湖北偶有发生。柑橘溃疡病对柑橘生产影响最为严重，尤其是对柑橘叶片、枝梢、果实为害较重，引致溃疡斑，造成落叶、枯梢、落果，造成果实产量下降，卖不上价钱，严重影响外销。

症状 为害枝梢、叶片、萼片后产生木栓化隆起斑，病斑大小不一，形状各异，在感病寄主上病斑大而隆起，在较抗病的寄主上病斑较小，略扁平。叶片染病初在叶背产生浅黄色针头大小的油渍状斑点，后略扩大，颜色变成米黄色或暗黄色，后穿透叶片的正反两面同时隆起，背面隆起比正面尤为明显，成为近圆形米黄色病斑。不久病部表皮破裂，呈海绵状，木栓化，表面粗糙，隆起更明显。后病斑中心凹陷现微细轮纹，四周生黄色至黄绿色的晕环，直径3～5mm。枝梢染病以夏梢受害重，其症状与叶片相似，开始产生油渍状小圆点，暗绿色至蜡黄色，常大后成灰褐色，常有比叶片上病斑更加突起，大小5～6mm，病斑中心似火山口状开裂，但无黄瓜晕圈，严重时叶片脱落，枝梢干枯。果实染病病斑更大，直径4～5mm，大的长达12mm，表面木栓化程度更结实，病斑中心火山口开裂更大。上述症状与疮痂病很易混淆，要注意区别。

病原 *Xanthomonas citri* subsp *citri* Gabriel et al. 称柑橘黄单孢菌柑橘亚种，又称地毯草黄单胞菌柑橘致病变种。该菌革兰阴性、好气性细菌。该菌极生单鞭毛，能运动、有荚膜，无芽胞，短杆状，两端圆，菌体长1.5～2.0μm，宽0.5～0.8μm。

传播途径和发病条件 该菌从伤口侵入比从自然孔口侵入容易，沿海地区浙江、福建、广东8～10月台风、暴雨多，不仅造成寄主伤口多，而且利于病菌侵入、病害传播，每年台风、暴雨后常常有一个发病高峰期，病菌传播受到寄主品种抗

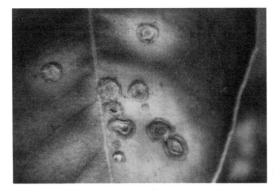

柑橘溃疡病病叶

柑橘溃疡病病果

酸橙溃疡病病果

柑橘溃疡病枝条上症状（姚廷山摄）

病性、寄主生育阶段，影响寄主生长的农业技术、气候条件以及潜叶蛾为害和大风刮伤等伤口因素影响。气温25～30℃时，降雨量与病害发生呈正相关，发病常严重。感病的寄主只有在高温多雨条件下易受侵染，雨水是病菌传播的主要媒介。病菌侵入需要组织表面有20min以上的水膜，降水多的年份和季节发生重。

防治方法 （1）以预防为主，在无病区严格进行检疫，在病区按《柑橘苗木产地检疫规程》实施产地检疫，禁止疫区带病苗木、接穗和果实进入保护区，保护区内发生溃疡病立即采取挖除措施给予消灭。（2）建立无病苗圃，培育无病苗木。苗圃应设在无病区或远离柑橘园2～3km，隔离条件好的地方。育苗期间发现有病株应及时挖出烧毁。（3）病果园防治。

剪除病枝叶，连同枯枝、落叶、落果烧毁，并结合其他病虫一起防治。（4）控制新梢生长，施肥和抹芽等措施控制夏、秋梢生长，防止徒长，保持梢期一致，特别注意防止潜叶蛾为害新梢。（5）药剂防治，药剂保护应按苗木、幼树和成年树等不同特性区别对待。苗木和幼树以保梢为主，各级新梢萌芽后20～30天，梢长1.5～3mm，叶片刚转绿期各喷药1次，成年树以保果为主，保梢为辅，重点是夏、秋梢抽发期和幼果期，

10天防1次，连防3～4次。台风过后还应及时喷药保护幼果和嫩梢。较好的药剂有15%络氨铜水剂600～800倍液、25%噻枯唑可湿性粉剂500～1000倍液、77%氢氧化铜可湿性粉剂500倍液，农用链霉素（600～800）IU+1%酒精作辅助剂、2%春雷霉素水剂400倍液及30%琥胶肥酸铜可湿性粉剂600倍液。

柑橘瘤肿病

症状 该病危害各个树龄的树枝，形成肿瘤，在苗圃是毁灭性病害。柑橘小树枝上产生结节状肿瘤，相距间隔不确定。肿瘤色深，近球形至长形，木质，有树皮覆盖，光滑或开裂，直径可达5cm。病树往往还有丛枝症状，肿瘤上生有黑色小粒点，即病原菌的分生孢子器。

病原 *Sphaeropsis tumefaciens*，称瘤肿球壳孢，属真菌界无性态子囊菌。菌丝无色至褐色，有隔，分枝，直径4μm。分生孢子器褐色至黑色，近球形，直径150～200μm，有乳突状孔口。产孢细胞大肚瓶状，无色，全壁芽生式产孢。器孢子卵形，浅黄色，1端钝，1端尖，（16～32）μm×（6～12）μm。

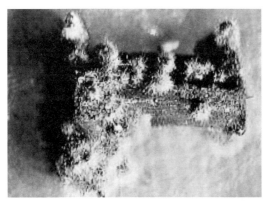

柑橘瘤肿病

传播途径和发病条件 由苗木调运进行远距离传播，分生孢子借风雨和昆虫传播分散，萌发后从树枝的各类伤口侵入。

防治方法 严格检疫。

柑橘僵化病

症状 又称柑橘顽固病。幼树严重矮化、节间缩短或叶密集簇生，杯形，叶厚，带各种褪绿斑。大树矮缩，枝条生长受抑，叶小，叶上产生褪绿斑驳，很少复原和枯死，果实着色差，果蒂保持绿色，果小畸形，果实淡而无味。种子少或全无。

柑橘僵化病（顽固病）

柑橘僵化病树梢（左）
和叶片受害状

病原 *Spiroplasma citri* Sagllio et al.，称柑橘螺原体，属细菌域普罗特斯细菌门。柑橘螺原体直径50～500μm，有3层膜，无细胞壁。

传播途径和发病条件 可通过嫁接和传毒昆虫甜菜叶蝉 *Circulifer tenellus* 传播，田间传播主要是从杂草上传到柑橘，其次是从柑橘到柑橘。在田间柑橘顽固病高度显症。

防治方法 （1）严格检疫。（2）嫁接时一定用无菌接穗。（3）加强柑橘园管理，及时除草。（4）发现传毒昆虫及时喷洒25%吡蚜酮可湿性粉剂2000～2500倍液或20%氰戊·辛硫磷乳油1500倍液。

柑橘碎叶病

此病因其在厚皮来檬、积橙上表现叶片扭曲、叶缘缺损而得名。主要侵害以枳及其杂种（枳橙、枳檬、枳柚等）作砧木的柑橘树，染病株黄化衰弱，产量锐减，严重时整株枯死。我国浙江、台湾、广东、广西、福建、湖南、四川、湖北和重庆等地柑橘产区均有发生，其中2000年湖南安化县因柑橘碎叶病引起早津温州蜜柑大面积死亡，造成经济损失40多万元。

症状 病株的砧穗接合部环缢和接口以上的接穗部肿大。叶脉黄化，类似环状剥皮引起的症状。剥开接合部树皮，能看见接穗与砧木的木质部间有1圈缢缩线。生产上受大风等外力推动，病树的砧穗接合处易断裂，且裂面光滑。枳橙或厚皮莱檬染病后，新叶上产生黄斑和叶缘缺损、扭曲。

病原 *Citrus tatler leaf virus*（CTLV），称柑橘碎叶病毒，是一种短线状病毒，大小650×19nm。但最近有人通过指示植物鉴定认为本病是由嫁接砧穗不亲和引起的，尚待进一步明确。

柑橘碎叶病（赵学源）

柑橘碎叶病病叶（右3叶），左为健叶

柑橘碎叶病症状

传播途径和发病条件 碎叶病主要靠嫁接传毒，也可通过刀剪传毒，尚未发现昆虫传毒。

防治方法 （1）采用腊斯克枳橙或厚皮莱檬作指示植物进行鉴定，选择无病母树，淘汰带病母树。（2）采用室内人工控制温度、光照条件下，白天40℃温度有光照16h，黑夜30℃温度无光照8h进行热处理，30天后嫁接可获得无病母树，培育无病苗。（3）用上述温度处理植株，待发芽采下做茎尖嫁接，能获取无毒茎尖苗。（4）对柑橘植株进行修剪时，应剪完1批母树后用10%漂白粉水溶液或1%次氯酸钠冲洗刀刃，再用清水冲洗，进行消毒，防止人为造成汁液传毒。

柑橘衰退病

由病毒引起的柑橘衰退病，是全世界最具经济重要性的一种病毒病。分布在亚洲、北美洲、南美洲和欧洲各主要柑橘产区。该病主要造成柑橘和以酸橙为砧木的柑橘植株的死亡。20世纪30年代阿根廷、巴西因柑橘衰退病毁树3000余万株，造成柑橘产业崩溃。我国各柑橘产区均有分布。20世纪70年代末期采用指示植物鉴定发现，广东、广西、湖南、江西、四川、浙江等6省均有该病分布，云南宾川、建水曾因使用香橼砧木造成大量死树。近年随柑橘产业结构调整，柚类、甜橙、杂柚栽培面积扩大，茎陷点型衰退病在柚类和某些甜橙上发生严重，成为生产中急需解决的问题。

症状 （1）苗黄症状。主要发生在酸橙、尤力克柠檬、葡萄柚或柚的幼龄实生苗上。酸橙和尤力克柠檬表现为新叶黄化，新梢短植株矮化、葡萄柚表现为新叶缺锰状黄化，呈匙形，新梢短，植株矮化。苗黄型症状只有在温室条件下才易显症。（2）衰退型症状，能够产生类似病毒诱导的接穗下方韧皮部细胞的坏死，使得淀粉等营养物质无法运输到根部，从而引起以酸橙作砧木的甜橙、宽皮柑橘和葡萄柚植株的死亡。根据发病的症状分为速衰型和一般衰退型。（3）茎点型症状。与使用的砧木品种无关，在来檬、菊萄柚、八朔柑、大部分柚类品种和某些甜橙品种上发生，病株的木质部表面产生梭形、黄褐色、大小不等的陷点，叶片扭曲畸形，小枝条极易在分枝处折断，植株矮化、树势减弱、果实变小。现在茎陷点型衰退病是各国柑橘衰退病防控研究的重点。

病原 *Gitrustristeza virus* CTV 称柑橘衰退病毒，属长线形病毒属成员。病毒粒体细长弯曲，大小为11nm×2000nm，基因组为19296个核苷酸的单链RNA，在5'端和3'端各有107nt和275nt的非翻译区。CTV基因组含有12个开放阅读框（ORF），至少能够编码17种分子质量6～40ku的蛋白质产物，其中编码的两种外壳蛋白cp和cpm分别包裹病毒粒体95%和5%的区域。CTV存在着复杂的株系分化现象，根据不同株系在寄主上症状表现的差异把CTV分成了强毒株和弱毒株。

传播途径和发病条件 CTV主要通过嫁接和蚜虫进行传毒，多种蚜虫以非循环型半持久方式传播CTV，其中，褐色橘蚜是最有效的媒介昆虫。CTV不能进行种传，也极难通过汁液摩擦接种。CTV可以通过两种蔓丝子进行传播，但不是CTV

柑橘衰退病树势减弱
（赵学源提供）

传播的重要途径。

防治方法 （1）实施苗木检疫制度。有效的苗木繁育认证和检疫制度可有效防止更强的CTV株系传入我国。（2）使用抗病砧木。使用枳、卡里佐枳橙、特洛伊枳橙、斯文格枳柚、红黎檬、香橙、红橘、酸橘等抗病或耐病砧木，是防治速衰型柑橘衰退病有效的途径。（3）弱毒株交叉保护（MSCP）技术。在柑橘衰退病茎点型强毒株流行的地区，MSCP技术是当前保护对CTV敏感的栽培品种唯一有效的防治方法。即先通过热处理一茎尖嫁接脱毒CTV，然后在栽入田间之前预先接种有保护作用的弱毒株加以保护。（4）抗病育种是防治柑橘衰退病最为经济有效的手段。

温州蜜橘萎缩病

20世纪80年代初四川和浙江从日本引进的早熟温州蜜柑带有萎缩病毒，由于温州蜜柑是我国柑橘的主栽品种，现已普遍发生，应引起各地重视。

症状 染病树春梢新芽黄化，新叶变小，叶片两侧反卷呈船状，称为船形叶。展开较晚的叶片，叶尖生长受抑成匙形，称为匙形叶。因新梢发育受抑，造成全树矮化或枝叶丛生，受害树着花较多，易落果。该病主要在春梢上表现症状，夏秋梢不表现症状，病情进展缓慢，从中心病株向外呈轮纹状扩散，染病10年以上的橘树矮化明显，产量锐减或绝收。自然条件下，近年发现还为害中晚熟柑类、脐橙等，在脐橙、伊予柑上产生畸形果、小叶等症状，寄主范围很广。几乎所有柑橘属都感病。

病原 *Satsuma dwarf virus*（SDV），称温州蜜柑萎缩病毒。病毒粒体球状，直径26nm。存在于细胞质、液泡内，在枯斑寄主叶片内主要存在于胞间联丝的鞘内，呈1字形排列。

温州密柑萎缩病典型
匙形叶（周常勇）

温州蜜橘萎缩病症状

传播途径和发病条件 该病毒由嫁接和汁液传毒，也可通过土壤传播，即土壤中线虫和真菌传毒，蚜虫不能传播。能通过美丽菜豆种子传毒，不能通过芝麻或柑橘种子传播。

防治方法 （1）发现病树及时砍伐重症中心病株，在四周开深沟可防止蔓延。（2）加强肥水管理 增强树势，可减轻受害。（3）热处理。为获得无病苗，可把带毒植株在白天40℃、夜间30℃各12h处理42～49天后，采芽嫁接到实生枳砧木上可脱毒。

温州蜜柑青枯病

本病是20世纪60年代新发生的病害，分布在福建、湖南、广东、广西。主要为害温州蜜柑，造成植株枯死或整园毁灭。

症状 主要发生在冬季采果至翌年春季之间，先是树冠顶部叶片呈失水状，青卷，后向下扩展到全株，有的仅半株或几个大枝发病。春季染病的生长势特弱，叶片青卷，失去光泽，春梢不易萌发。病株新根少或不发新根。剖开病株接口处树皮，可见砧木木质部正常，但接口以上木质部呈淡黄褐色，界线明显。色差愈大发病越重。取病树接口以上的木质部横切面，显微镜下可见导管中有黄褐色胶充塞。

病因 初步认为本病是砧木与接穗不亲和引起的。全年均可发生。11月～翌年5月是主要发病期，生产上遇连续低温阴雨，发病更多。

防治方法 （1）育苗时选用早熟的温州蜜柑品种的砧木。（2）采用靠接法。（3）重病园应在早春把病株嫁接口以上的部分全部锯除，选留2～3枝砧木萌蘖，改接甜橙等不受为害的品种，短期内树势可恢复。（4）发病初期病树应重剪，结合施

温州蜜柑青枯病

用有机肥，加强水肥管理，恢复树势。（5）发病初期喷洒20%噻森铜悬浮剂600倍液或20%叶枯唑可湿性粉剂500倍液。

柑橘黄龙病

柑橘黄龙病（简称HLB）是柑橘在生产上的一种毁灭性病害。"黄龙"的意思是新梢叶片变黄。不同国家地区该病有不同的名称，我国称为黄龙病或黄梢病、印度尼西亚称叶脉韧皮部恶化病，印度称顶梢枯死病、南非称青果病、菲律宾称叶片斑驳病，国际上一般称为柑橘青果病。

柑橘黄龙病被列为我国对内对外的重点检疫病害，该病具有暴发性强，发展迅猛，为害具严重毁灭性等特点。起初该病在我国只分布于广东、广西等地，随着规模扩大，该病已在我国长江流域以南的11个省均有发生，对我国柑橘可持续产业构成了巨大威胁。

症状 柑橘黄龙病又称黄梢病或黄枯病。枝、叶、花、果及根部均可显症，尤以夏、秋梢症状最明显。发病初期，部分新梢叶片黄化，出现"黄梢"，黄梢最初出现在树冠顶部，后渐扩展，经1～2年后全株发病。春梢症状多出现在叶片转绿后，先在叶脉基部转黄后部分叶肉褪绿，叶脉逐渐黄化，叶片现不规则黄绿斑块，且有淀粉积累现象。夏梢症状多在嫩叶期不转绿均匀黄化，叶片硬化失去光泽，似缺氮状；有的叶脉呈绿色，叶肉黄化，呈细网状，似缺铁症状；有的叶上出现不规则、边缘不明显的绿斑。老枝上的老叶也可表现黄化，多从中脉和侧脉开始变黄，叶肉变厚、硬化，叶表无光泽，叶脉肿大，有些肿大的叶脉背面破裂，似缺硼状。芦柑、印子柑和柚的叶片初期表现花叶症状。新梢上的叶片黄化不久即脱落，老枝上的病叶多在未完全变黄以前脱落。发病中期，即新梢生长

柑橘黄龙病发病重的
柑橘园

柑橘黄龙病重病株

柑橘黄龙病果实
着色不匀

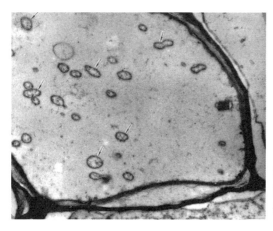

柑橘黄龙病韧皮部筛管细胞中的病原（箭头示菌体）

后期，叶片叶脉及沿脉附近的组织变绿色；叶肉变黄；黄化轻微的似缺锰状，严重黄化的似缺锌状。后期，新梢抽出困难，叶片症状较中期严重，大部分落叶。枝条由顶端向下枯死，病枝木质部局部或全部变为橙玫瑰色，最后全株死亡。病树翌年春季提前开花，花小畸形，结实少，结果着色不均，品质不佳。根部症状主要表现为根的腐烂，其严重程度与地上枝梢相对称。枝叶发病初期，根多不腐烂，叶片黄化脱落时，须根及支根开始腐烂，后期蔓延到侧根和主根，皮层破碎，与木质部分离。

病原 *Candidatus Librobacter asiaticum*，称亚洲种柑橘黄龙病菌，属细菌域普罗特斯细菌门韧皮部杆菌属，我国的柑橘黄龙病菌电镜下多为椭圆形或短杆状，大小（30～60）nm×（500～1400）nm。革兰染色阴性，对四环素、青霉素敏感，该菌属专性寄生菌，尚不能人工培养，主要由接穗、苗木和木虱传播。亚洲株系发病适温27～32℃，传播介体为橘木虱（*Diaphorina citri*）。

传播途径和发病条件 病菌在田间柑橘组织中越冬，初侵染源是田间病株、带菌接穗，带菌橘木虱是远距离传播的主要途径。橘木虱单只成虫就能传病，在柑橘上发病率高达80%，带毒成虫在柑橘上传毒需5h以上，1～3龄若虫不传毒，4～5龄若虫传病。该病菌生长温限为3～35℃。温度22～28℃、相对湿度80%～90%有利于发病。当日均温高于23℃，病情扩展，日均温25℃以上、相对湿度高于80%最有利于该病发生和流行。椪柑、玉环柚、蕉柑、大红柑、福橘易感病，扩展很快。普遍中、晚熟温州蜜柑、甜橙较耐病；官溪蜜柚、金柑较抗病。

防治方法 柑橘黄龙病传播蔓延速度快，目前还没有抗病品种和治疗特效药，防治该病通过挖除病树减少侵染源和最大限度杀灭柑橘木虱减少田间再侵染，防止该病暴发流行，延长橘园寿命。(1)严格进行检疫。无论是病区还是无病区、新发展区，都必须严格实施检疫，严防人为远程传播，严防带病苗木、接穗传入或输出。(2)繁育和栽培无病苗木进行有效隔离，栽种无病苗木，切实整治本地柑橘苗木市场，防止带病苗木出现，必须选购种植无病苗木繁育中心的无病苗木，新建橘园必须栽种无病苗木，做到远离病园、病树，与病果园距离1000m以外，严防黄龙病外来侵入，延长新橘园的寿命。(3)全力控制田间再侵染。在黄龙病发生区能否控制再侵染是防止该病关键，减少再侵染要把病树先挖除，再严防柑橘木虱，必须把这两项工作抓好。在栽培管理管和中必须抓好以下4措施。①抓好冬季清园，检查病树是否乙全挖除，严格检查越冬代柑橘木虱防治是否彻底，以减少下一年的传播媒介，防除橘园中炭疽病、疮痂病、黄斑病、叶螨、介壳虫和粉虱等主要病虫。②春梢期的防控措施。越冬代残留的柑橘木虱常借春梢期繁殖回升，成为当年黄龙病传播媒介，直接影响当年的田间再侵染和病树增长率，生产上从春梢萌发开始注意观察嫩芽、嫩叶上有无木虱若虫为害，发现木虱立即防治。喷药的关键期是冬季清园和每次新梢抽发期，冬季清园可杀灭越冬成虫，是橘园防治柑橘木虱关键时期，其次是新梢抽发期，应该在新芽长度0.5～1cm时，开始喷洒10%吡虫啉可湿性粉剂2500倍液、50%辛硫磷乳油1300倍液、20%丁硫克百威乳油1800倍液、2.5%高效氟氯氰菊酯水乳剂50mg/L、10%虫螨腈悬浮剂800mg/L。③进入夏梢期，进入柑橘木虱发生高峰期，田间随时都有嫩梢对柑橘木虱有利，此期恶化柑橘木虱的生存条件成为这个时期控制黄龙病重要环节，药剂防治一定做好。④秋梢期进入黄龙病高发期，重点仍然是防除柑橘木虱为主，尽量降低田间虫口密度，减少再侵染。

柑橘煤污病

柑橘煤污病全国均有发生，侵染柑橘的叶片、枝梢和果实，在其表面产生黑色至暗褐色霉层，阻碍叶片的光合作用正常进行，使橘株生长受到很大影响，造成树势衰弱，开花少，果实少，品质卜降。

症状 柑橘煤污病又称煤烟病、煤病。主要为害叶片、枝梢及果实，初仅在病部生一层暗褐色小霉点，后逐渐扩大，直至形成绒毛状黑色或暗褐色霉层，并散生黑色小点刻，即病菌的闭囊壳或分生孢子器。该病病原有十余种，因此症状多样。

病原 *Capnodium* citri（称柑橘煤炱）；*Meliola butleri*（称巴特勒小煤炱）；*Chaetothyrium spinigerum*（称刺盾炱）等，均属真菌界子囊菌门。其中常以柑橘煤炱为主。柑橘煤炱菌丝丝状、暗褐色，具分枝，主要以粉虱、介壳虫、蚜虫分泌物为营养。子囊壳球形，子囊长卵形，内生子囊孢子8个，子囊孢子长椭圆形，具纵、横隔膜，砖格状，大小（20～25）μm×（6.0～8.0）μm。分生孢子器筒形，生于菌丝丛中，暗褐色，

柑橘煤污病症状（周彦摄）

大小（300～500）μm×（20～30）μm，分生孢子长圆形，单胞无色，大小（3.0～6.0）μm×（1.5～2.0）μm。

传播途径和发病条件 导致柑橘煤污病的几种病原中除小煤炱属真菌系纯寄生外，均属表面附生菌，以菌丝体或分生孢子器及闭囊壳在病部越冬，翌春由霉层上飞散孢子借风雨传播，并以蚜虫、介壳虫、粉虱的分泌物为营养，辗转为害。生产上，上述害虫的存在是本病发生的先决条件，荫蔽潮湿及管理不善的橘园发病重。

防治方法 （1）及时防治介壳虫、粉虱、蚜虫等刺吸式口器害虫，具体方法参见本书有关害虫防治法。（2）有条件的用水冲刷。（3）加强橘园管理。（4）喷50%多·霉威可湿性粉剂800倍液或80%代森锰锌可湿性粉剂600倍液、50%福·异菌可湿性粉剂800倍液或65%甲硫·乙霉威可湿性粉剂1000倍液。

地衣和苔藓为害柑橘

症状 地衣、苔藓分布在全国各地。地衣：是一种叶状体，青灰色，据外观形状可分为叶状地衣、壳状地衣、枝状地衣3种。叶状地衣扁平，形状似叶片，平铺在枝干的表面，有

地衣和苔藓为害柑橘

的边缘反卷。壳状地衣为一种形状不同的深褐色假根状体，紧紧贴在枝干皮上，难于剥离，如文字衣属地衣呈皮壳状，表面具黑纹。枝状地衣叶状体下垂如丝或直立，分枝似树枝状。苔藓：是一种黄绿色青苔状或毛发状物。

病原 过去认为地衣是真菌和藻类的共生体，靠叶状体碎片进行营养繁殖，也可以真菌的孢子及菌丝体及藻类产生的芽孢子进行繁殖。普遍发生的有 *Parmelia cetrata* Ach.（称睫毛梅衣）等。实际上地衣的名称就是共生真菌的名称，地衣的本质是一类能与藻或蓝细菌共生的专化型真菌，或称地衣型真菌，其中98%是子囊菌，即地衣型与非地衣型子囊菌。国外有关专家已不再分开单独列出地衣名称，而是与真菌名称一起按字母顺序排列，总之地衣是真菌的重要组成部分，地衣和地衣型真菌包括在真菌分类系统中。

苔藓具绿色的假茎、假叶，能够进行光合作用，多用假根附着在枝干上吸收水分，其繁殖体是配子体，配子体可产生孢子。安徽、浙江等地的优势种有 *Barbella pendula*（称悬藓）、*Drummondia sinensis*（称中华木衣藓）等。

传播途径和发病条件 地衣、苔藓在早春气温升高至10℃以上时开始生长，产生的孢子经风雨传播蔓延，一般在5～6月温暖潮湿的季节生长最盛。进入高温炎热的夏季，生长很慢，秋季气温下降苔藓、地衣又复扩展，直至冬季才停滞下来。树势衰弱、树皮粗糙易发病。管理粗放、杂草丛生、土壤黏重及湿气滞留的发病重。

　　防治方法　（1）精心养护。及时清除杂草，雨后及时开沟排水，防止湿气滞留；科学疏枝，清理丛脚，改善小气候。（2）增施有机肥，使植株生长旺盛，提高抗病力。（3）秋冬喷洒2%硫酸亚铁溶液或1%草甘膦除草剂，能有效防治苔藓。（4）喷洒1：1：100倍式波尔多液或20%噻森铜悬浮剂600倍液、30%苯醚甲·丙环乳油3000倍液。（5）草木灰浸出液煮沸以后进行浓缩，涂抹在地衣或苔藓病部，防效好。

柑橘、温州蜜橘流胶病

　　症状　为害主干和主枝，尤以西南向主干受害重。发病初期皮层生红褐色水渍状小点，略肿胀发软，上有裂缝，流出露珠状胶汁。后病斑扩大成圆形或不规则形，流胶增多，组织松软下凹，皮层变褐，流胶处以下的病组织黄褐色，有酒糟味，病斑向四周扩展后期皮层卷翘脱落或下陷，但不深入木质部，别于树脂病引起的流胶型症状。剥去外皮层，可见黑褐

温州蜜橘流胶病

色、钉头状突起小点（即子座）。潮湿条件下，从小黑点顶端涌出淡黄色、卷曲状分生孢子角。染病株叶片黄化，树势衰弱。当病斑环绕树干一周时，病树死亡。

病原 *Cytospora* sp.，一种壳囊孢菌，属真菌界无性型子囊菌。子座黑褐色，钉头状，内生分生孢子器 1～3 个。分生孢子器扁球形或不规则形，褐色，具一共同孔口。分生孢子器内壁上密生长短不一的分生孢子梗，梗单胞无色，丝状，18.8μm×1.3μm，顶生分生孢子。分生孢子腊肠形或长椭圆形，两端钝圆，微弯，单胞，无色，（7～10）μm×（2.5～3）μm。菌丝生长温度范围 8～30℃，20℃最适。分生孢子器和分生孢子的形成最适温度为 20～25℃，在此温度下培养 26 天产生子座，35 天便从分生孢子器中涌出分生孢子角。分生孢子萌发适温 8～30℃，20℃最适。分生孢子萌发需要水滴或水膜存在。最适孢子萌发酸度为 pH6。据有关单位研究，菌核引起的流胶病在冬季发病率很高。引起流胶病的还有吉丁虫为害的伤口以及日灼、冻害、机械伤、生理裂口等。

传播途径和发病条件 病菌以菌丝体和分生孢子器在病组织上越冬，翌年产生分生孢子，借风、雨、昆虫传播，从伤口侵入引起发病，潜育期 7～9 天。伤口多，发病重。高温多雨季节利于发病，3～5 月和 9～11 月发病重，冬季低温和盛夏高温，病情发展受抑。园地积水、土壤黏重、树冠郁蔽通风不良发病重。老、弱树发病重于幼壮树。柠檬发病重于红橘、甜橙，柚树发病少。

防治方法 （1）选排灌方便、地势较高的地方建立果园。或采用深沟高畦或土墩种植。（2）加强管理，注意施肥和修剪，增强树势，园内避免种植高秆和需水量大的间作物。（3）选用抗病品种做砧木，并适当提高嫁接部位，以增强抗病力。（4）防治吉丁虫、天牛等的为害，避免除草、修剪等造成伤口，并创造良好条件使嫁接伤口尽快愈合。（5）发病期，用利刀浅刮病部（以现绿色为宜），然后纵刻病部深达木质部若干条，宽度2～3mm，用3.3%腐殖钠·铜（治腐灵）水剂300～500倍液喷雾。也可涂抹水剂或膏剂于患部，5～10天涂1次，重的可涂2次，30～40天康复。也可用40%多·硫悬浮剂防治流胶病，用刀刮除病部后用100倍液涂抹病部。

柑橘裂果病

柑橘裂果病是柑橘在壮果期间的重要生理病害之一，在全国各地普遍发生，常造成大量减产。

症状 通常先在近果顶端处开裂，然后沿子房缝线纵裂开口，瓤瓣破裂，露出汁胞。有的果实横裂或不规则开裂，形似开裂的石榴，裂果最后脱落或变色腐烂。

病因 裂果的发生是由于果实内部生长应力增加，而果皮不能抵抗这种应力增加的结果。该病一般在8～10月壮果期伏旱骤雨之后发生，由于大量的水突然进入果实组织，使细胞膨压增加，内部生长应力增大，导致裂果。

传播途径和发病条件 （1）气候条件。裂果的高峰期为

柑橘生理性裂果

果实膨大期和开始成熟期，如遇久旱骤雨或大雨后即晴会加重裂果；反之，雨量适中且分布均匀，可明显减少裂果。（2）品种影响。紧皮的甜橙果实较松皮的宽皮柑橘裂果发生多，果皮薄的果实较果皮厚的果实发生多。如甜橙中的脐橙、哈姆林甜橙都会发生裂果，皮薄的宽皮柑橘中的早熟温州蜜柑、南丰蜜橘和柚类中的玉环柚也易发生裂果。（3）土壤影响。柑橘果园土壤疏松，深厚、肥沃，保肥保水性稳定，裂果发生少；反之，土壤瘠薄、黏重和板结，保肥保水性差，裂果发生多。（4）栽培管理影响。不松土、不深翻、树盘不覆盖，土壤含水量变化大，施肥不合理（磷肥过多，钾肥不足），秋旱严重，灌溉条件差，甚至无灌溉的条件下裂果发生多。

防治方法（1）深耕改土。加强土壤管理，增强土壤有机质，改良土壤结构，提高土壤保水性能，以减少裂果。裂果多的果园，宜少施磷肥，适施氮肥，增施钾肥。7月壮果增施硫酸钾，同时裂果前喷0.3%磷酸二氧钾或0.5%硫酸钾，增强抗裂性，减少裂果。（2）推广果园生草覆盖。下半年保留园中的杂草，但要清除树盘内的杂草，待草长高时锄下来覆盖树盘，保持土壤水分。（3）做好水分管理。伏旱期间，干旱初期在树盘内浅耕8～12cm，行间深耕15～25cm，如需灌水抗旱，应先用喷雾器喷湿树冠，然后再灌水。降雨后要及时排除积水，避免果实吸收水分太多产生裂果。

柑橘日灼病

柑橘日灼病是高温季节一种常见的生理性病害，主要侵害果实，也侵害叶片和枝干。受害果皮变黄、硬化、坏死，降低果品的商品价值。枝干受害严重影响树势。

症状柑橘日灼病是果实受高温烈日暴晒而引起的灼伤。

柑橘日灼病
（邓晓玲摄）

枝干往往由于更新过重、缺少辅养枝、强阳光直接照射造成灼伤，受害部位的果皮开始呈暗青色，后为黄褐色。果皮生长停滞，粗糙变厚，质硬，有时裂纹，病部扁平，致使果形不正。受害轻微的灼伤部限于果皮，受害较重的造成瓤囊汁胞干缩枯水，味极淡。

传播途径和发病条件　一般在7月发生，8～9月发生最多。特别是西向的果园和着生在西南部分的果实，受日照时间长，容易受害。土壤水肥不足，可加快该病发生。在高温天气下，喷施高浓度的石硫合剂，硫黄悬浮剂也可加快该病发生。若修剪不当，大枝或主干暴露在强光下，也会发生该病。

防治方法　（1）果实贴面或套袋：对顶部和西南果实用5cm×7cm左右的报纸小片贴于果实日晒面，能有效防止果实灼伤。也可套袋防止果面温度上升。（2）7～9月禁用石硫合剂防治害虫。必须使用时，尽量降低浓度和减少次数。（3）树干涂白：以生石灰和水重量比1：（5～6）调成石灰乳，将受阳光直射的主枝涂白。（4）橘园提倡生草栽培，以调节小气候，降低日灼病发生。

柑橘黄化病

又称柑橘黄化病，是福建、广西、湖南、江西、广东等橘产区近年新发现的一种病害，主要为害甜橙、橘、柚等。嫁接在枳砧木上，叶出现黄化，生长势衰弱，严重的全株枯死。

症状 据湖南、广西报道，黄化病5～8月出现，病株不抽夏梢和秋梢，病叶的主脉先发黄，叶脉稍肿大，后侧脉亦转黄，叶肉变黄，似环割引起的症状。广西柳州春节期间嫁接的苗木，7～8月出现黄化，下部枝干老叶主脉变黄，上部枝干上的新叶主脉附近绿色但叶肉黄化，似缺锌症。剥开嫁接口处树皮，接穗和砧木的接合部变成黄褐色，且在接穗和砧木相接处产生1黄色环圈。进入秋冬季黄化叶片脱落，根部出现腐烂，植株死亡。

病因 尚未明确。初步认为是由于接穗和砧木亲和性不好造成的。其发生与柑橘品种关系密切。现已发现冰糖橙、改良橙、暗柳橙、新会橙等甜橙品种及文旦柚、金香柚等嫁接在枳砧上才出现黄化。生产上以枣阳小叶枳作砧木的植株生长正常，不产生黄环。

防治方法 （1）对已定植的可能发生黄化病品种的枳砧

柑橘黄化病症状

嫁接苗，可靠接其他砧木，作为补充砧。（2）选用不发生黄化病的枳品种作砧木，如枣阳小叶枳等。（3）对已发生黄化的，可采用培蔸，加强肥水管理，促发自生根，恢复树势。

柑橘缺镁病

症状 柑橘缺镁病在任何季节都可发生，主要表现在叶片上，通常在夏末和秋季发生。缺镁的主要特征，典型的是发生在老叶上，先是沿主脉出现不规则的黄斑，黄斑继续扩大，在主脉两侧连接成带状黄斑，最后只剩下叶尖和叶基部仍保持绿色。在很老的叶片上，主脉和主侧脉也会出现像缺硼一样的肿大和木栓化或叶脉破裂，整个叶片可能变成古铜色。缺镁叶片提早脱落，小枝枯死，缺镁易受冻害。

传播途径和发病条件 土壤中镁缺乏是柑橘缺镁的主要原因，如沙质土因镁易流失柑橘更易缺镁。钾和钙对镁有拮抗作用，有时施用钾肥和钙肥会引发缺镁或加重缺镁症状。通常柚类最易缺镁，甜橙类品种次之，宽皮甜橙较少发生。

防治方法 （1）主要方法是土壤改良，增施有机肥料。酸性土壤施用钙镁磷、白云石粉、含镁石灰、氢氧化镁、氧化镁

柑橘缺镁病
（彭良志摄）

等，成年树每年每 $667m^2$ 施用量 15 ～ 30kg。碱性土壤可施用硫酸镁，成年树每年每 $667m^2$ 施用量 10 ～ 20kg。（2）每次新叶展开喷 1 ～ 2 次 0.5% ～ 1% 硝酸镁或硫酸镁，可以减轻或矫治缺镁症状，同时加入硫酸锰、硫酸锌和柠檬酸铁等微量元素，可以增加对镁的吸收。

柑橘缺硼病

症状 幼叶出现透明状、水渍状斑驳或斑点，并有不同程度的畸形。成熟叶片主脉和侧脉变黄，严重时叶片主脉、侧脉肿大、破裂、木栓化。老叶变厚、革质、无光泽、卷曲和皱缩。酸性土壤中的硼易被雨水淋失，含硼低，柑橘易表现缺硼病。沙土质含硼量也很少，易缺硼，碱性土壤中的硼含量丰富，但因 pH 高，也会影响对硼的吸收。酸橙砧的柑橘比其他砧木的柑橘更易缺硼。施用磷肥过多也会导致缺硼。

防治方法 酸性土壤春季在每株树的附近撒施 5 ～ 15g 硼砂即可，也可在初花时喷 1 次 0.1% ～ 0.2% 的硼砂或硼酸。注意喷的次数不能太多，硼过量有副作用。

柑橘缺硼
（彭良志摄）

柑橘缺锌病

症状 缺锌柑橘树的典型症状是叶片具有不规则的失绿斑点（称斑驳叶），先是叶脉间的叶肉褪绿，叶片的主脉、主侧脉及其附近的叶肉仍为正常的绿色，严重时除了主脉和侧脉为绿色，其他部分变成黄色或奶油色。缺锌叶片变小、叶狭长，在枝条上的着生更直立，节间缩短，叶丛生状。

柑橘缺锌
（彭良志摄）

病原 土壤中的锌的有效含量低是缺锌的主要原因。碱性土壤中锌含量较高，但被固定，难于被吸收利用。酸性土壤中的锌含量低。

防治方法 （1）施用有机肥可有效防治柑橘缺锌病。土壤施用硫酸锌效果较好，但要适量，每667m^{2}施用量不宜超过2kg。碱性土壤连续几年施用尿素、硫酸钾和硫酸铵等化肥后，土壤pH降低，锌被释放出来，缓解缺锌症。（2）喷施0.1% ～ 0.2%硫酸锌1 ～ 2次，是防治缺锌病的有效手段。

柑橘缺铁病

症状 缺铁主要表现在新梢。柑橘树缺铁时，幼嫩新梢

柑橘缺铁（彭良志摄）

叶片褪色，叶肉部分发黄，叶脉保持绿色。典型的症状是浅绿叶片上有网状叶脉，随着缺铁加重，叶片变薄变白。缺铁叶片通常较小、变薄，提早脱落。

病原 土壤酸碱度影响柑橘对铁的吸收，pH在7.5以上时，会严重缺铁。pH在6.5以下通常不会缺铁。土壤长期过湿、缺氧，会出现缺铁症状或加重缺铁症状。低钾、高磷、高钙、高锌、高铜影响柑橘对铁的吸收，土壤中重金属镍、铬、镉含量高时，影响铁的吸收。土温低影响柑橘对铁的吸收。

防治方法 （1）防治柑橘缺铁最有效的手段是施用大量的有机肥。每年每株树施用有机肥50～100kg，可有效防治缺铁症状。（2）土壤施用EDDHA螯合铁制剂对柑橘的缺铁黄化有良好效果。方法是先将EDDHA螯合铁制剂溶解，再浇到施肥沟中，盖上土壤。幼年树5～10g/株，盛果树15～30g/株。（3）叶面喷施EDDHA螯合铁制剂。（4）做好开沟排水，防止果园过湿和缺氧。施肥避免肥料失衡。

柑橘缺铜病

症状 柑橘缺铜初期为叶片大、深绿色，有的叶形不规

柑橘缺铜（彭良志摄）

则，主脉弯曲，腋芽容易枯死。在树枝上出现透明胶滴，由淡黄色氧化后变成红色、褐色，最后为黑色。新萌发的新梢纤弱短小，节间缩短，叶片小，嫩叶淡黄色或绿黄色。

病原 沙质土壤中铜含量少，引发缺铜。有机质含量高的土壤中，因铜与有机质合成难溶的化合物，不能被柑橘吸收引起缺铜。氮、磷过多影响柑橘对铜的吸收。

防治方法 叶面喷施0.2%～0.3%硫酸铜、波尔多液或含铜杀菌剂，对柑橘缺铜有较好效果。

柑橘缺锰病

症状 柑橘缺锰新叶为淡绿色，上面出现网状的绿色叶脉，比缺铁和缺锌轻微。老叶主脉和主侧脉附近变为不规则的暗绿色带状，叶脉间为淡绿色的斑块。柑橘缺锰部分小枝枯死，果实稍变小，果皮有时变软，严重时果色变淡。

病原 缺锰主要是土壤中含锰少，或土壤中锰溶解差，柑橘不能吸收。酸性土壤中的锰易随雨水流失，碱性土壤中的锰溶解度低。

柑橘缺锰（彭良志摄）

防治方法 5 ～ 6月叶面喷施1 ～ 2次0.5% ～ 0.1%螯合锰或硫酸锰。在碱性土壤中施用锰肥效果不好，可采用增施有机肥或施用硫黄粉，提高柑橘对锰的吸收。

调节柑橘大小年

症状 大年时开花结果过多，养分消耗过大，造成树体内的养分缺乏，下一年就会出现小年。小年橘树开花结果少，但养分积累充足，赤霉素含量也低，花芽形成多，翌年又会成为大年。

病原 大小年结果原因：柑橘树产生大小年结果的内因是内源激素与营养失调。大年时由于开花结果过多，养分消耗

柑橘大小年

过大，造成树体内养分缺乏。因此，花芽分化时由于得不到充足的养分，花芽形成数量减少，质量也降低；同时大年橘树内赤霉素积累较多，赤霉素有抑制花芽分化的作用。树体内赤霉素含量越高，花芽形成越少，造成翌年成为小年。小年橘树开花结果少，养分积累充分，同时赤霉素积累也较少，则花芽形成增多，下一年又会成为大年，这样周而复始，橘树就出现大小年结果现象。生产上出现大小年现象，首先应从大年进行调整。

防治方法　（1）大年疏果与促花。温州蜜橘、本地早等品种在大年橘树的盛花后30～40天，树冠喷洒100～200mg/L吲熟酯，能把树冠内的较小幼果疏除，防止当年结果过多。同时在11月间对树冠喷洒75mg/L的多效唑1次，或在9月中旬和11月中旬喷洒"碧全"健生素（主要成分是氨基酸）500倍液2次，可促进花芽分化，使翌年小年花量增多，产量大幅提高，缩小大小年结果的差异。（2）小年保果和抑花。在小年树的花蕾期喷洒"丰果乐"150倍液或在温州蜜柑上喷洒750mg/L多效唑、在椪柑上喷1000mg/L多效唑。也可在谢花期喷洒"大果乐"（细胞分裂素）或50mg/L赤霉素药液，可明显提高小年橘树的坐果率。在小年橘树花芽分化期11月间甜橙喷100mg/L赤霉素可减少花芽数量，防止翌年（大年）坐果过多。

柑橘生理落花落果和虫害引起落果

症状　生理落果：柑橘落花落果常分为5个阶段，即落蕾、落花、第1次生理落果（谢花后10～20天带果梗脱落）、第2次生理落果（谢花后20～70天不带果梗从蜜盘处脱落）、采前落果（从6月份隐果后至采收前落果。经上述过程后坐果率只有0.3%～5%）。

橘树生理落花落果和
虫害引起落果

病因 发主要有花器发育不正常或受精不良、树体营养不足、夏梢大量抽生、病虫发生严重、天气恶劣或柑橘树体内激素失调等。

橘树萌芽、春梢生长、开花及幼果早期发育所需的养分主要是橘树上年的储藏养分，而每一品种橘树年储藏养分的多少是相对固定的。每年橘树萌芽展叶后春梢生长过旺，储藏养分消耗过多，而开花结果得到的养分就少，生产上由于得不到足够的养分就会出现大量落花落果。柑橘幼果期中生长素、赤霉素不足，果柄产生离层而引发落花落果。脐橙属单性结实，主要靠子房产生激素促进幼果膨大。脱落酸抑制生长，促使果实脱落。赤霉素含量越高，落果越少。赤霉素对子房的作用是促进植株代谢产物向果实运转。

甜橙类和温州蜜橘在第1次生理裂果期幼果脱落量大，红橘在第2次生理裂果期幼果脱落量最大。细胞分裂素（BA）防治第1次生理裂果效果显著，但不能防治第2次生理裂果。

近几年来长江流域柑橘产区在花期和幼果期经常出现日平均气温高于25℃、日最高气温高于30℃的异常高温天气，伴随发生异常的落花落果，造成大幅度减产。

防治方法 （1）于温州蜜柑、椪柑的花蕾期，阴天或晴天傍晚用750mg/L多效唑喷洒温州蜜柑，用1000mg/L多效唑喷洒椪柑春梢，能抑制春梢生长过旺，减少储藏养分消耗，坐果率明显提高。其效果优于赤霉素等保果剂，但开花期、幼果期不要用。（2）温州蜜柑类等柑橘花蕾期喷洒丰果乐150倍液坐果率提高，增产20%～30%。（3）在温州蜜柑、椪柑谢花2/3或谢花10天后，于树冠喷1次30～50mg/L赤霉素，坐果率提高明显。也可在幼果上涂抹100～200mg/L赤霉素1次，保果效果好。（4）第1次生理裂果期，树冠喷洒200～400mg/L细胞分裂素6-BA，每10天1次，共喷2～3次，可提高柑橘坐果率。（5）异常高温期出现前注意控制春梢营养过旺花果养分充足，于树冠喷洒750mg/L（温州蜜柑）或1000mg/L（椪柑）的多效唑。也可在异常高温发生半天后树冠喷洒100mg/L萘乙酸+8mg/L 2,4-D，能减少危害。

柑橘落叶

症状 柑橘出现叶片脱落。

病原 柑橘叶片长出后，一般为17～24个月，长的可达36个月才开始衰老脱落，叶中含有很多养料，温州蜜柑冬叶

柑橘落叶

中含有8%～12%碳水化合物，春芽萌动后除镁、铁外，老叶中含有氮、磷、钾、钼等营养物，逐渐向叶、枝花、幼果中移动，老叶脱落前约有56%氮向基枝中回流，9～10月龄以内的叶片未见回流。生产上要防治柑橘冬季不正常落叶，对柑橘丰产意义特大。

防治方法 进入冬季，每隔1周叶面喷洒10～15mg/L的2，4-D或浙江大学生产的"LSY"防落素2～3次，对防治冬季不正常落叶有效。生产上若在2，4-D和"LSY防落素"溶液中加入0.15%尿素，效果更好。也可于9～11月对尾张温州蜜柑喷洒50mg/L核苷酸，不仅能提高夏叶的叶绿素含量，而且在高温、强光的盛夏能维持叶绿素b代谢的相对稳定，延长叶片寿命和减少冬季异常落叶。

柑橘、柚、橙裂果

浙江楚门文旦常年裂果率为30%～40%，严重年份高达75%，福建仙游变尾蜜柚严重的裂果率高达90%以上。这些柚类的裂果多从果实顶部开裂，多数先沿囊瓣缝合线处破裂，露出汁泡，后挤破果顶皮部或腰部呈不规则状裂开。2013年夏季我国南方高温为害持续时间为历史罕见，造成柑橘出现裂果，严重的树皮开裂，甚至整株死亡。

裂果严重的原因 首先是果实中心柱中空。果实种子全部败育，这是果实内缺少内源激素造成的。楚门文旦用当地的酸柚（土栾）异常授粉后，中心柱变实，裂果率下降，但楚门文旦柚类异花授粉后，种子量大增，少的十多粒，多的近百粒，改变了无籽特性。

防治方法 （1）提倡使用0.136%赤·吲乙·芸苔（碧护）等，碧护是目前能抵抗高温热害产品。2013年全国农技推广中心重点推荐，除灌水降温外，当前使用赤·吲乙·芸苔每667m² 用2～3g，防高温为害和裂果。（2）温州蜜柑于7月下旬用200mg/L赤霉素药液涂果效果也好，在南丰蜜橘果实膨大期7月中、下旬叶面喷施3000～4000倍液，果皮厚度增加，裂果减少。（3）柚类提倡用LY型文旦防裂素和防裂膏，均可明显降低裂果率。（4）脐橙，分别于第2次生理裂果前后的6月上旬和7月下旬用150～250mg/L赤霉素药液点涂幼果脐部，防裂果兼防落果。脐部涂抹1次浓度变为200mg/L的赤霉素+甲基硫菌灵可使开裂伤口愈合。脐橙在第1次生理裂果和6月生理裂果之后分别用250mg/L赤霉素涂果1次，或用400g/L BA涂果或赤霉素+BA混合液涂果均可减少裂果的发生。

柚、沙田柚溃疡病

　　症状、**病原**、**传播途径和发病条件**、**防治方法** 参见柑橘溃疡病。

柚叶片上的溃疡病病斑

柚、沙田柚疮痂病

　　症状 主要为害叶片。病斑蜡黄色至黄褐色，直径1～

柚疮痂病病果

2mm，木栓化，向叶背面隆起，表面粗糙，疮痂状。嫩叶染病后叶片往往扭曲畸形。潮湿条件下，病斑上生灰白色霉状物，即病原菌的分生孢子盘。果实染病，果实上出现瘤状木栓化的褐色小斑。

病原 *Sphaceloma fawcetti*，称柑橘痂圆孢，属真菌界无性态子囊菌。有性态 *Elsinoe fawcetti*，称柑橘痂囊菌，属真菌界子囊菌门。国内尚未见。分生孢子盘多埋生在寄主表皮下，后突破表皮。分生孢子梗密集排列，有时只有数根，集生于像分生孢子座一样的组织上，近圆筒形，无色单胞，偶具1隔膜。分生孢子近梭形至长椭圆形，两端各有一个油滴或无，大小（5～8）μm×（3～4）μm。

传播途径和发病条件 病菌存活在老病斑上，气温升至15℃以上时，病部产生分生孢子，借风雨及昆虫传播到幼嫩组织上。气温16～23℃，湿度大即可流行。果实多在5月下旬～10月上、中旬染病。

防治方法 （1）苗木检疫，防止病苗穗带入无病区。病接穗用30%戊唑·多菌灵悬浮剂800倍液消毒30min。（2）春梢萌动期芽长不超过2mm时和花落2/3时喷两次药保护。第一次喷（0.5～0.8）：（0.5～0.8）：100倍式波尔多液，第二次喷（0.3～0.5）：（0.3～0.5）：100倍式波尔多液或36%甲基硫菌灵悬浮剂800倍液、30%戊唑·多菌灵悬浮剂1000倍液。也可用24%腈菌·福美双可湿性粉剂1200倍液或25%溴菌腈乳油500～800倍液喷雾。

柚、沙田柚青霉病

症状 发病初期果面上产生水渍状病斑，组织柔软且易破裂。一般3天左右病斑表面中央长出白色霉状物，白色霉层带较狭，1～2mm，呈粉状，病部水渍状，外缘明显，整齐且窄，几天后，霉斑呈青蓝色铺展状。

病原 *Penicillium citrinum* Thom称橘青霉，属真菌界子囊菌门无性型。

传播途径和发病条件 病菌腐生在各种有机物上，产生分生孢子，借气流传播，通过伤口侵入为害，也可通过病健果接触传染。青霉菌发育适温18～28℃，相对湿度95%～98%时利于发病，采收时果面湿度大，果皮含水多发病重，充分成熟的果实较未成熟的果实抗病。

沙田柚青霉病病果

防治方法 （1）沙田柚青霉病多在近成熟时或贮藏时发生，期间要注意减少各种伤口。（2）雨后及时排水，防止湿气滞留，贮运期间要注意通风。（3）必要时喷洒25%咪鲜胺乳油800倍液或65%甲硫·乙霉威可湿性粉剂900倍液。（4）低温贮运。（5）用50%抑霉唑乳油500～1000倍液浸果30s，取出晾干装箱贮存可防治青霉病。

柚、沙田柚流胶病

症状、**病原**、**传播途径和发病条件**、**防治方法** 参见柑橘、温州蜜橘流胶病。

柚树流胶病为害树基干

柚、沙田柚黄龙病

症状、**病原**、**传播途径和发病条件**、**防治方法** 参见柑橘黄龙病。

沙田柚黄龙病叶片症状（左为正常叶）

槲寄生为害柚树

症状 被害树上常见槲寄生灌丛，高0.5～1m，灌丛着生处稍肿大。染病枝干的木质部呈辐射状割裂，致受害树生长受阻、腐朽或失去利用价值。

病原 *Viscum album*，称槲寄生，属寄生性种子植物。槲寄生二歧或三歧分枝，分枝处节间垂直，叶肉质肥厚、无柄对生，倒披针形或退化成鳞片，花单性雌雄同株或异株，单生或丛生在叶腋内，也可生于枝的节上；雌花冠子房下位，合生，

槲寄生为害柚树

无花柱，柱头垫状。浆果肉质，球形黄色或橙红色，中果皮含槲寄生碱有黏液，可保护种子或使种子易于黏附在寄主体表。

传播途径 种子由鸟类携带传播到寄生植物上，遇有适宜温湿度条件萌发，萌发时胚轴延伸突破种皮，从种皮伸出后在与寄主接触处形成吸盘，从吸盘中长出小吸根，称初生吸根。初生吸根直接穿透嫩枝条皮层，沿其下方长出侧根环绕木质部后，再从侧根分生出次生吸根，次生吸根侵入皮层或木质部的表层，后逐年深入深层木质部，因此到后期在染病寄主枝干剖面上生有十分均匀的与木射线平行的次生吸根，致枝干木质部分开，长在木质部深处的老吸根后来自行枯死，残留小沟。

防治方法 （1）发现后及时锯除病枝并集中深埋或烧毁；也可把收集的槲寄生售给医药部门，既能除害，又可获利。（2）喷洒90%硫酸铜800倍液，有一定防效。

柚、沙田柚缺素症

症状 ①缺氮：常发生在营养生长旺盛的夏季和果实采收后的寒冬，尤以土壤贫瘠的橘园更突出。植株表现为：新梢抽生短，枝叶稀少而纤细，叶薄而黄化，全株外观呈淡黄绿色；开花少，挂果少，易落果；当氮的生长供求由正常转缺乏时，部分叶片会出现不规则的黄绿色相嵌的杂斑，最后叶黄落；严重时出现秃冠，树势衰退速度加快，乃致濒死延命。当结果枝叶片的含氮量低于2%时，可视为缺氮。②缺镁：柑橘缺镁症状主要发生在老叶上。晚夏和秋季果实成熟时较常见，尤其是挂果多的老年树，其结果母枝上的老叶发病更普遍。缺镁症状的初期特征为叶缘两侧的中部出现不规则的黄色条斑，以后病斑不断扩大，在中脉两侧连成不规则的黄色带条，最后仅主脉及基部保持三角形的绿色区。严重缺镁时，叶片全部黄化，在植株上保留相当长的时间后至冬季大量落叶，形成枯枝。健康叶含镁量为0.13%～0.23%，病叶含镁量为0.1%以下。当其含量为0.15%以下时，为缺镁的临界值。③缺钾：柑橘缺钾症状，是沙质土橘园的一种常见现象。此类土或有机质少的土壤，雨水冲淋后造成钾素大量流失，或其含量低的土壤因施铵态氮过多而阻止了根系的正常吸收，都会导致钾缺乏症。缺钾症状表现为：先在老叶叶尖和上部叶缘开始发黄，随着缺钾的加剧，黄化区域向叶中部扩展，严重时直达基部。重病树叶卷缩畸形，新梢抽长弱短，根系生长也差，果实发育不良，个体小而皮薄，味淡而酸。当柑橘叶片中钾的含量低于0.3%时被认作缺钾，0.9%以下则表示钾素已不足植株所需。④缺铁：碳酸钙或其他碳酸盐含量过高的碱性土壤，铁元素被固定，容易出现缺铁。柑橘缺铁现象一般不常见，其最大特点是叶片失绿黄化，与严重氮缺乏症状相似，但程度强得多。本病症状特征为：多从幼枝新叶开始发病，叶脉保持绿色而脉间组织发黄，后期黄叶上呈现明显的绿色网纹。严重者，除主脉近叶柄部绿色外，其余部分褪绿呈黄白色，叶面失去光泽，叶缘褐裂，提前脱落留下光秃枝。但此时，同树的老叶仍保持绿色，形成黄绿相映的鲜明对照。分析测定病叶组织中全铁含量是难以得出正确结论的，因为所含铁多数由于沉积而失效。同样，测定土壤中全铁和游离态铁也不能了解土壤供铁能力。但测定土壤中$CaCO_3$的含量和pH值，是可以了解土壤供铁情况的，因为土壤中有效铁含量与叶组织中活性铁含量有很好的相关性。0～20cm土层，$r=0.9521$；20～40cm土层，$r=0.8841$。两者相关分析表明，正常叶片活性铁含量在40mg/kg以上，而患病叶片中铁含量则明显低于此数值。⑤缺锰：锰是柑橘树体内多种酶的活化剂或组分，起着十分重要的生理作用。碱性土可使锰变得不易溶解，而酸性土壤中pH＞6.3时，有效态的Mn^{2+}就会变成不溶性的Mn^{4+}，根系不易吸收。此外，酸性土和沙质土都易使还原性二价锰流失。缺锰症状初期与缺锌症状相似，且缺铁症状又常隐症于缺锰症状，所以柑橘缺锰常伴随前两种缺素症的发生，使人不易识别或误作缺锌。此病的症状表现为：轻度缺锰时，叶片中脉和侧脉附近的叶肉现黄绿色区域，严重时黄色斑不断扩大。冬季病叶易脱落，产量和果品质量下降。本病与缺锌症状的区别在于叶片大小、叶形和果实大小不改变，失绿区的黄白化程度不如缺锌症状突出。当病叶中全锰的含量低于20mg/kg时，被视作缺锰的临界值。⑥缺硼：新梢叶出现水渍状斑点，叶片变形，叶脉

柚、沙田柚缺氮

柚、沙田柚缺钾

柚、沙田柚缺镁

柚、沙田柚缺铁

柚、沙田柚缺锰

柚、沙田柚缺硼

发黄增粗，叶片向后弯曲，叶背有黄色水渍状斑点，老叶失去光泽，严重的主、侧脉木栓化破裂，叶片易脱落。幼果在缺硼初期出现乳白色微凸小斑，严重时出现下陷的黑斑，引起大量落果。残留的果实小。

病因 ①缺氮：土壤中缺氮或施入的有机肥量不足引起缺氮。②缺镁：一是柑橘对镁的需要量较其他微量元素多，在酸性土（pH5）和沙质土中镁素易流失，容易发生缺镁症。二是钾肥、磷肥施用过多，可引起缺镁症。三是果实内核多的品种较少核或无核品种易发生缺镁症。③缺钾：土壤中钾元素供给不足，或基肥施用量不够。④缺铁：一是盐碱地或含钙较多的土壤中铁的含量虽然很高，但大量可溶性的二价铁被转化为不溶的三价铁盐，不能为柑橘吸收利用，因此易发病。尤其遇干旱条件，水分蒸发量大，土壤含盐量增高，致黄叶病加重。二是地下水位高的低洼盐碱地、土壤黏重、排水不良且又经常浇水的果园易发病。三是缺铁常与砧木耐盐性有关，如枸头橙作砧木与温州蜜柑嫁接，不易发病，用枳壳作砧木的则发病重。⑤缺锰：酸性或碱性土壤易导致缺锰。酸性土壤中锰易流失，碱性土壤锰易变为不溶解态。⑥缺硼：土壤中硼不够用所致。

防治方法（1）防止缺氮：冬季根据树龄大小、当年结果多少而施足不同量的底肥。当生长期新叶缺氮发黄时，叶面喷施0.5%的尿素，进行根外追肥矫正或每株树根施100g硝铵。注意对中低产橘园的扩穴改造。（2）防止缺镁：酸性土壤缺镁时，可按每公顷1t或每株1～2kg的量，拌施钙镁磷肥。叶部病症出现初期，可喷0.5%硫酸镁溶液，可以矫正镁缺乏症状。（3）防止缺钾：对轻度缺钾的果园，生长期喷0.5%的硫酸钾数次，矫正钾缺乏症。表现严重缺钾的植株，冬季或初春每株根施120～150g硫酸钾。（4）防止缺铁：当pH达8.5时，植株常表现缺铁症，故增施有机肥、种植绿肥等是解决土壤缺铁的根本措施。发病初期，用0.2%柠檬酸铁或硫酸亚铁，可矫正缺铁症状的发生。（5）防止缺锰：在柑橘营养生长旺盛期之5～6月，喷施0.3%硫酸锰液多次，间隔10～15天1次。（6）防止缺硼：冬季采果后，春梢萌发时盛花期喷洒0.05%～0.1%硼酸溶液或0.1%～0.2%硼砂溶液，提倡施用速乐硼、高纯硼、金硼液、围光硼等叶面肥。椐树体大小确定施用量。一般小树株施硼砂10～20g，施硼时不要过量，土施硼肥最好与有机肥配合施用、也可用持力硼。（7）提倡喷洒3.4%赤·吲乙·芸可湿性粉剂（碧护）7500倍液，可调节柑橘对养分的吸收利用，打造碧护柑橘美果。

柑橘类低温寒害和冻害

柑橘是适宜在热带、亚热带地区生长的喜温植物，对温度表现敏感。其品质和越冬安全等与栽培所处纬度及海拔高度有关。大体上，其种植区划分为适合生长区域、可植区和非适生区三种，寒害和冻害主要出现在可植区。如在广东、云南、贵州800～1500m海拔垦建的柑橘园，寒害和冻害都时有发生。

寒害症状：初秋在苗圃砧木上包芽嫁接，或对柑橘更新换种包芽腹接，春季破膜时间过早，芽萌抽发后，受到春寒低温侵袭而死亡；春季露芽接时间过早，也会受到同样损失。病因是萌芽在低温天气下，由于嫁接口初愈合的穗、砧形成层细胞会很快死亡，芽渐失去水分而枯萎脱落。若寒潮突然袭来，或秋霜提前发生时，果实含水量高，寒害便出现。轻者，在果皮表面出现火灼状赤褐色至棕黑色不规则凹斑；形似近成熟期喷炔螨特浓度过高造成的药害状。重者，出现大块赤褐色斑后，果实很快水腐落地。

冻害症状：冬季0℃左右的低温天气持续时间长，或遇极值温度低于–5℃时，柑橘枝梢叶片将严重受冻。从叶尖、叶缘向中脉方向纵卷，并产生大块相连的灰褐色枯死斑；秋梢嫩茎也变褐枯死；老叶受冻，症状与前述相似，但枯斑面积较小，一般不卷曲。3月底4月初春梢抽发时，受冻叶片纷纷脱落，形成秃枝，嫩梢发育差，花蕾小，坐果率低，对产量影响很大。如措施不力，树势很难在当年恢复。

病因 一是自然灾害。二是人为因素。冬季，尤其是春节前由广东向华北、东北、西北调运柑橘时，途中需几天时间，防寒设施跟不上很易出现冻害。

温州蜜橘类低温寒害和冻害

防治方法 （1）预防低温寒害对接芽和果实的伤害，应注意把握好农事季节，特别要掌握好当地的气温变化规律，即破膜露芽时间最好在柑橘园20%～30%植株芽萌发5mm长左右（贵州在4月初）。（2）预防冻害首先应培育壮树，控制秋梢抽发过度，用15%多效唑可湿性粉剂1000mg/kg，在秋梢抽发3cm左右时喷枝梢至湿透，可达到控制树梢矮壮、促进花芽分化、提高次年坐果率之目的；受冻后，3月份灌水浇透，可减少落叶、落花和落果；春季萌芽前及时剪除冻伤枝梢，减少养分消耗，促进中间态的中弱枝转换成果枝；全园进行2～3次叶面喷肥，第一次生理落果期可加10mg/kg的2,4-D钠盐保果；全年注意合理施肥，防治好重要病虫害，尽快恢复冻前的树势。（3）冬季柑橘调运时，设法用空调车，防止贮运途中受害。（4）遇有雨雪低温冷冻灾害袭击时，一是对已被大雪覆盖的柑橘园要及时清除树枝上的积雪，防止积雪压劈压断树枝，勿使树体遭到二次损伤，可用稻草秸秆包扎树干或覆盖树盘以求保温。二是对已受冻的柑橘园，雪后气温稳定后适时适当修剪，做到小伤摘叶、中伤剪枝、大伤锯干，对枝干完好叶片焦枯未落的尽早进行人工辅助脱叶；对冻伤明显的枝、干，及时带青修剪。剪口要准确控制，并涂蜡液包扎保护。三是加强树基培土、施有机肥等保护措施。（5）为了防止柑橘类冻害提倡喷洒3.4%赤·吲乙·芸可湿性粉剂（碧护）7500倍液，不仅可防止寒害和冻害，还可生产碧护柑橘美果。

柑橘类药害

农药种类很多，橘园常用的为杀虫剂、杀菌剂和植物生长调节剂，其浓度和施药时期掌握不好，就会对柑橘树造成药害。如：利用石硫合剂防治柑橘红蜘蛛、矢尖蚧幼若虫和炭疽病，冬季可用0.8～1°Bé喷雾树冠，如在夏季仍用此浓度，叶、果将大量脱落；95%机油乳剂稀释200～300倍液防叶螨效果很好，但如低于200倍稀释液喷雾，柑橘嫩叶就会枯卷；40%乙烯利2000～2500倍稀释液于采果前20天喷树冠，可促使橘果早熟上市，如喷于长势弱的树或药液低于此稀释倍数，就会导致植株叶、果掉落；用2,4-D钠盐保花保果，阴天使用浓度为10mg/kg，如烈日下喷雾，柑橘叶片将呈船形反卷，幼果会僵化畸形。由此可见，农药品种不同，产生药害的症状各不相同，现举例描述于下。炔螨特药害症状：烈日高温下喷73%炔螨特乳油预防红蜘蛛，低于商品说明书上规定的稀释浓度，1周后果上产生赤褐色凹斑，病部油囊细胞坏死膨大，生长期的果实虽不脱落，但终身留下疤痕，近成熟和已着色的果实易落果。叶片受害后，有几种表现：叶尖病斑呈"∧"形，枯白色，内缘有宽的褐色坏死带；叶面病斑大小相间，小斑近圆形，灰白色坏死。大斑中域灰白色，斑缘带褐色。代森锌药害症状：春末夏初，用70%代森锌可湿性粉剂预防幼果期炭疽病，低于400倍稀释液喷雾，幼果积液过多，渐出现灰褐色的不规则凹斑，病部僵硬，影响鲜果品质和市场价格。

防治方法 根据柑橘不同生育期对化学农药的敏感性、

柑橘炔螨特药害

喷药浓度及施药时间的温度等主要因素，结合自我实践经验，正确选择和使用农药品种。药害发生轻的也可喷洒3.4%赤·吲乙·芸可湿性粉剂（碧护）7500倍液，效果好。

"褚橙"变酸了是怎么回事？

诸橙3月开花4、5月份结果，10月末成熟，这是柑橘类生长规律，即"褚橙"的生成周期。2015年褚橙遭遇了前所未有的负面评论：果子大小不一，颜色不均，酸味极重。很多人不禁发问："褚橙怎么了？"

病因 为何褚橙的品质下降这么大？种植褚橙专家褚时健说，农业是看天吃饭。（1）反常气候给诸橙的生长带来很大影响，果园自设的气象站监测云南哀牢山地区全年降雨量2012～2014年平均为724mm，，但2015年截至11月就已经达到了1015mm，降雨天数高达131天。在果子成熟的关键期10月份，仅这一个月就下雨177.6mm，雨水多，直接影响了橙子的品质。（2）雨水多也影响了肥料的吸收。果园目前施行的是一年布两次有机肥。因为雨水格外多，让有机肥中的氮元素大量流失，造成树冠长得过密，长大后又遇极端气候，这些不利因素叠加在一起是橙子品质低的根本原因。玉溪市气象局称2015年云南遭遇了强厄尔尼诺现象，极端天气增加，雨季雨水少，雨季结束了雨水反而多起来，褚橙受到很大影响，造成酸味极重。

防治方法 （1）12月初工人们开始剪枝，每棵树的树冠大小要减少50%，解决通风、透气、采光问题，把间距过密的橙树全部砍掉，同时有机肥数量也减至一半，确保下一年橙子品质。（2）管理要更精细化，确保褚橙质量回升。

2. 柑橘、柚、沙田柚害虫

（1）种子果实害虫

柑橘小实蝇

学名 *Bactrocera dorsalis*（Hendel），异名 *Dacus dorsalis*（Hendel），属双翅目、实蝇科。别名：橘小实蝇、东方果实蝇。分布于广东、广西、湖北、湖南、四川、重庆、贵州、云南、福建、台湾等地，是检疫对象。

柑橘小实蝇成虫
（梁广勤摄）

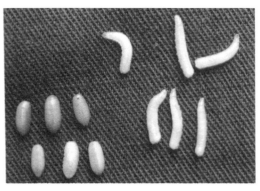

柑橘小实蝇幼虫和蛹
（彭成绩摄）

寄主 柑橘、番石榴、杨桃、番荔枝、番木瓜、莲雾、人心果、草莓、巴西樱桃、西番莲、桃、李、芒果、枇杷、无花果、荔枝、龙眼、香蕉等200多种植物。

为害特点 成虫把卵产在柑橘果皮和瓤瓣之间，卵孵化后幼虫蛀食果瓣，造成受害果落地。成虫产卵处可见针刺状小孔洞并溢出汁液，或凝成胶状，产卵孔渐成灰色至红褐色乳突状斑点。为害期在橘果开始软化、转色后开始，浙江9月下旬开始，11月上、中旬达高峰，为害期长达3个月。

形态特征 成虫：体长7～8mm，全体黄色与黑色相间。胸部背面大部分黑色，前胸肩胛鲜黄色，中胸背板大部分黑色，两侧有黄色纵带，小盾片黄色，与中胸两黄纵带连成"U"形。翅透明，翅脉黄褐色，前缘中部至翅端有灰褐色带状斑。腹部黄至赤黄色、椭圆形，第1、第2节各具1黑横带，第3节以下略有黑色斑纹，并有1黑纵带从第3节中央直达腹端，雄腹部4节，雌5节，产卵管发达由3节组成。幼虫：体长10mm，蛆形，黄白色，胴部11节，口钩黑色。前气门杯状，先端有乳头状突起13个左右，后气门片新月形，上有椭圆形气孔3个。

生活习性 每年发生3～5代，浙江6～7代，且世代重叠，第1代雄蝇始见期2008年为5月19日，2007年为7月2日。8月中、下旬田间成虫突增。成虫早晨至中午前羽化出土，8时最多，成虫羽化经性成熟后交配产卵，产卵前期夏季为20天，春、秋季为25～60天，冬季3～4个月。产卵时每孔产5～10粒，每雌一生可产卵300粒。夏季卵期2天，冬季3～6天。幼虫期夏季7～9天，秋季10～12天，冬季15～20天，幼虫孵化后钻入果瓣中为害，蜕皮2次，老熟后进入3cm土层中化蛹，蛹期夏季8～9天，秋季10～14天，冬季15～20天。

防治方法 ①严格检疫，加强产地和调运检疫。②性诱剂诱杀。用98%诱蝇醚诱杀成虫，每667m²挂诱捕器3～5个，高度1.5m，用药量头1次2ml，以后隔10～15天加药1次。③农业防治。a.及时捡除落果，初期隔3～5天捡拾1次，并摘除树上虫果，集中深埋50cm，也可用水浸泡8天以上。b.冬、春翻耕灭蛹，结合橘园冬、春施肥，进行土壤翻耕灭蛹，减少1代成虫发生量。c.适时采收。④药剂防治。a.用0.02%多杀霉素饵剂6～8倍液在橘果膨大转色期喷洒，隔7天1次，也可用手持粗滴喷雾器向树冠中、下部叶背，隔3m喷1点，每点喷15～20cm²，保果效果好。b.也可用24%氰氟虫腙悬浮剂1000倍液或25g/L溴氰菊酯乳油2000倍液或1.8%阿维菌素乳油1000倍液在该蝇为害期，隔15天喷洒1次，保果效果好。c.还可用甲基丁香酚加3%二溴磷溶液浸泡蔗渣纤维方块（57mm×57mm×10mm）或药棉在成虫发生期挂在树荫下，每日投放2次。d.用2ml甲基丁香酚原液加90%敌百虫2g，取1.5ml滴于橡皮头将其装入用可口可乐塑料瓶制成的诱捕器内，挂在距地面1.5m橘树上，每60m²挂1个，每30～60天加1次，效果较好。

柑橘大实蝇

学名 *Bactrocera minax*（Enderlein），异名：*Bactrocera citri*（Chen）、*Tetradacus citri*（Chen），属双翅目，实蝇科。别名：橘大实蝇、柑橘大果实蝇。分布于台湾、湖北、湖南、广西、陕西、四川、贵州、云南。

寄主 柑、橘、柚、甜橙、沙田柚等柑果类果树，其中甜橙受害重。

为害特点 同柑橘小实蝇。2008年10月我国生产柑橘的四川广元市柑橘大实蝇大发生，大面积爆发成灾，造成全国所

柑橘大实蝇为害柑橘
引起落果

柑橘大实蝇雄成虫

有柑橘连带滞销，出现了小小的虫子吃掉柑橘市场，产生了灾难性的后果，实属罕见。为了防止疫情，杜绝蔓延，广元市指派工商、农业、林业、药监等部门对全市柑橘类品实行严格监测和检疫。数千万公斤柑橘被深埋，小小虫子吃掉的柑橘市场得到控制，这一事件值得人们深思。

形态特征 成虫：体长13mm，黄褐色，复眼金绿色，中胸背板正中有"人"形深茶褐色斑纹，两侧各具1条较宽的同色纵纹。腹部5节长卵形，基部较狭，腹背中央纵贯1条黑纵纹，第3腹节前缘有1条黑横带，同纵纹交成"十"字形于腹背中央。翅透明，前缘中央和翅端有棕色斑。产卵管圆锥状，由3节组成。幼虫：体长15～19mm，蛆形，乳白色，胴部11

节，口钩黑色、常缩入体内。前气门扇状，先端有乳突30个以上，后气门片新月形，上有3个长椭圆形气孔。

生活习性 年生1代，以蛹在3～7cm土层中越冬，翌年4～5月羽化，6～7月交配、产卵，卵产在果皮下，幼虫共3龄，均在果内为害。老熟幼虫于10月下旬，随被害果落地或事先爬出入土化蛹。雨后初晴利于羽化，一般在上午羽化出土，出土后在土面爬行一会儿，就开始飞翔。新羽化成虫周内不取食，经20多天性成熟，雄虫约需18天，雌虫则需22天性成熟。在晴天交配，下午至傍晚活跃，把卵产在果顶或过道面之间，产卵处呈乳状突起。成虫对糖液具趋性，有时以蚜虫蜜露为食。柑橘大实蝇羽化前期雄虫居多，后期又以雌虫数量多。

防治方法 ①严格检疫，严禁到疫区引进果实、种子及带土苗木。②摘除受害青果晒干以杀死卵和幼虫。9～10月受害橘果脱落前摘除受害果煮沸或深埋已杀死幼虫的橘果。③关键期用药，在当地成虫出土和幼虫入土时喷洒24%氰氟虫腙悬浮剂1000倍液或90%敌百虫可溶性粉剂或80%敌敌畏乳油1000倍液、20%甲氰菊酯或氰戊菊酯乳油2000倍液。尤其注意观测成虫入园产卵期，此期用药在上述药液中加入3%红糖，向园内1/3橘树的1/3树冠上喷药，隔7～10天1次，连喷2～3次。④用辐射处理雄成虫后，利用不育雄蝇与雌蝇交尾，造成雄性不育消灭该虫。⑤冬季橘园翻耕园土，可杀灭部分越冬蛹。⑥成蝇发生期用性诱剂诱杀成虫，具体用法参见橘小实蝇。

蜜柑大实蝇

学名 *Bactrocera tsuneonis*（Miyake），异名 *Tetradacus tsuneonis* Miyake，属双翅目、实蝇科。别名：橘实蝇、日本蜜柑蝇、橘蛆。分布于台湾、广西、四川、贵州。

蜜柑大实蝇雌成虫

蜜柑大实蝇幼虫及受害果

寄主 柑橘类，主要有蜜柑、红橘、酸橙、金橘等。

为害特点 同柑橘小实蝇。

形态特征 成虫：体长11～12mm。黄褐色。复眼褐至紫色、有光泽。胸部背面黄色卵圆形，前后有两个"∧"形褐纹，正中具1深茶褐色"人"形纹。足黄色。翅透明，前缘中央及翅端具黑褐色斑。腹部卵圆形5节，背面中央有黑色纵纹1条，与第3腹节的黑色横纹相交成"十"字形，第4、第5腹节各具1不完整的黑横纹。产卵管比柑橘大实蝇的短。幼虫：体长12～15mm，乳白至乳黄色，蛆形。胴部11节，口钩黑色。前胸气门呈T形，上有乳状突起30～34个，后气门同柑橘大实蝇。

生活习性 年生1代。以蛹在3～6cm土层中越冬。5月上、中旬成虫盛发，6月中旬开始产卵，7～8月为产卵盛期，8月下旬～9月下旬为幼虫孵化盛期，10月以后幼虫陆续老熟脱果入土化蛹越冬。成虫白天羽化、交配，常以昆虫蜜露为食，对蜜糖、酒和红糖液趋性较强。卵产于果皮或果内，多集中于果实的赤道线部分。幼虫在瓣瓣内为害，间或蛀食种仁。郁蔽度大的橘园，受害严重。平地橘园蛹多集中在树冠投影内，坡地橘园多集中于坡下方。疏松土壤内蛹密度较大。

防治方法 参照柑橘大实蝇。此外，在调运种子时，先用17%盐水选种，去除虫粒，晾干后再用磷化铝12g/m³密闭熏6天，检查种子无虫时再装车调运。

地中海实蝇

学名 *Ceratitis capitata*（Wiedemann），属双翅目、实蝇科。分布在亚洲、非洲、美洲、欧洲、大洋洲等80多个国家和地区，是我国严禁传入的一类危险性害虫，是重要的检疫对象。

寄主 柑橘、番木瓜、番荔枝、柿、龙眼、甜橙、柠檬、芒果、香蕉、木瓜、番石榴、苹果、梨、桃、李、杏、番茄、

地中海实蝇成虫

茄子、辣椒、花卉等250多种栽培或野生植物。蔬菜田间受害少，番茄等茄科蔬菜常是地中海实蝇携带者。

为害特点 成虫把卵产在果实上，幼虫在果实内蛀食果肉，致果实腐烂、变质。

形态特征 成虫：体长4～5mm，体和翅上有特殊颜色的斑纹，头部黄色具光泽，单眼三角区黑褐色，额黄色。复眼深红色，活体具绿光泽；触角3节，第1、第2节红褐色，第3节黄色，胸背面黑色有光泽，其上生黄白色斑纹，小盾片黑色；翅宽短透明，布有黄色、褐色或黑色斑纹，外侧的带纹延伸至外缘不达前缘，中部带纹延伸至前缘和后缘。足红褐色。雄虫具奇异的银灰色匙形附器，雌虫产卵管短且扁平。成长幼虫：体长6.8～8.9mm，宽1.5～2.0mm，细长，体色与取食有关，一般乳白色，有的为浅红色，末龄幼虫弯曲成钩状，口器具黑色骨化的口针。

生活习性 年生2～16代，以蛹和成虫越冬，翌春雌成虫把产卵管刺入果皮成一空腔，卵产在腔中，每雌可产卵100～500粒，每次产3～9粒，每天平均可产6～21粒，初孵幼虫侵入果内为害，末龄幼虫脱果入土化蛹。该虫适应性强，繁殖快，随水果调运或旅客携带作远距离传播。

防治方法 ①该虫可以幼虫或蛹随农产品及包装物传播，对旅客携带的水果、茄果类蔬菜及进口的果品苗木、种子，严格进行检疫，严防传入。②严格检疫措施，严禁从疫区进口水果及茄果类蔬菜。

墨西哥按实蝇

学名 *Anastrepha ludens*（Loew），属双翅目、实蝇科。该虫是热带柑橘和芒果上的重要害虫。境外主要分布在美国和

墨西哥按实蝇

墨西哥、危地马拉、萨尔瓦多、洪都拉斯、哥斯达黎加。

寄主 柑橘类、芒果、石榴、桃、番木瓜、番荔枝、核桃、樱桃等多种果木。

为害特点 雌蝇在果皮下较深处产卵，产卵后常在果皮上看出产卵痕，早期一般不易发现，幼虫在果内蛀食形成很多孔道，造成果实腐烂。

形态特征 成虫：体中型，黄褐色。中胸背板黄褐色，密被黄色短毛，无暗斑，生白黄色纵条纹3条，中央条纹狭长，两侧较短。肩胛、后端变宽的细长中带、从横缝伸至小盾片侧带、小盾片浅黄色。在盾间缝中间生1褐色斑点。后胸背板黄褐色，后小盾片的两侧黑色。胸鬃黑褐色。翅浅黄褐色。末龄幼虫：脊11～17条，前气门指状突19～22个，腹节和胸节上有背刺。

生活习性 主要靠上述水果中的活幼虫的携带及运输传播，蛹可随泥土及包装物扩散。

防治方法 ①对来自疫区的上述水果应认真检查有无被害状，必要时解剖水果寻找幼虫，把幼虫饲养成为成虫进行鉴定。②对有虫水果就地处理。

嘴壶夜蛾

学名 *Oraesia emarginata*（Guenèe），属鳞翅目、夜蛾科。别名：桃黄褐夜蛾、小鸟嘴壶夜蛾、凹缘裳夜蛾。分布于东北、华北、华东、湖北、华南地区。

寄主 桃、梨、苹果、柑橘、葡萄、龙眼、荔枝、木防己等，是柑橘的主要吸果害虫。

为害特点 成虫吸食果汁，伤口逐渐腐烂，终致脱落。

形态特征 成虫：体长16～19mm，翅展34～40mm，前翅棕褐色，中室后在中线内深褐色；肾状纹明显，周缘褐色，外线褐色，曲折成N状；臀角有2条向翅尖斜伸的黑褐

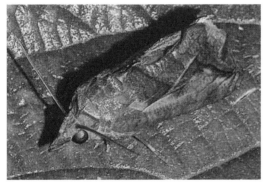

嘴壶夜蛾成虫停息在叶片上

嘴壶夜蛾幼虫（放大）

线；外缘第3中脉上方有1三角形的红褐色斑；缘毛褐色。后翅黄褐色，靠外缘深褐色，缘毛黄白色。幼虫：漆黑色，背面两侧各有黄色、白色、红色斑一列。体长37～46mm，尺蠖型，前端较尖。

生活习性 浙江黄岩年生4代，广东5～6代，世代重叠。主要以幼虫在木防己周围的杂草丛或土缝中越冬。福建9月上、中旬成虫出现，浙江、广东、湖北9月下旬～10月下旬进入为害盛期，成虫白天隐藏于荫蔽处，傍晚活动，为害柑橘、葡萄、龙眼、荔枝等果实，闷热无风的夜晚蛾量多。成虫寿命13天，完成一个世代历期55天。该虫是以湖北宜昌、咸宁地区为代表的柑橘产区的优势种，黄石、鄂城、武汉为落叶果树和常绿果树兼植区，嘴壶夜蛾、鸟嘴壶夜蛾为害都重。嘴壶夜蛾在湖北幼虫为害高峰期为9月、10月、11月，气温不低于18℃，仍出现小高峰。

防治方法 ①清除幼虫寄主——木防己。木防己系宿根藤本植物，人工铲除较难，提倡用除草剂涂茎，用41%草甘膦和70%二甲四氯按1∶1混合后，稀释10倍，于5月初涂木防己茎基和老蔸向上10～30cm处，能有效控制嘴壶夜蛾成虫发生量。②成虫发生期，667m²安装40W波长5.934Å黄色荧光灯1～2支，能拒避吸果夜蛾成虫。也可在夜间施放香茅油驱避吸果夜蛾，每株用香茅油10ml，滴在8～10张吸水性强的纸片上，挂在果树周围，翌晨回收密封，防效高。③在成虫发生期喷洒20%甲氰菊酯乳油2000倍液或5.7%氟氯氰菊酯乳油1500倍液触杀驱避作用明显。

鸟嘴壶夜蛾

学名 *Oraesia excavata*（Butler），属鳞翅目、夜蛾科。

鸟嘴壶夜蛾成虫

分布在内蒙古、陕西、河北、山东、安徽、江苏、湖北、上海、浙江、江西、福建、台湾、广东、广西、四川、云南等地。该虫是湖北省鄂北、鄂西、鄂东落叶果树产区的优势种。

寄主 桃、水蜜桃、柑橘、龙眼、荔枝、木防己、芒果、苹果、梨、葡萄、无花果、榆、黄皮等。

为害特点 受害果实现针头大小的洞孔，色彩变浅，松软，果肉失水松软或呈海绵状，用手指摸有松软感觉，后变色，腐烂脱落。

形态特征 成虫：体长23～26mm，翅展49～51mm。头部及颈板赤橙色；胸部赭褐色；腹部灰黄色，背面带褐色；下唇须前端尖长似鸟嘴形；前翅褐色带紫，各横线弱，波浪形，中脉黑棕色，一黑棕线自顶角内斜至3脉近基部；后翅黄色，端区微带褐色。幼虫：腹足（包括臀足）仅4对。共6龄。第1龄头部黄色，体淡灰褐色，其余各龄体漆黑色，但体背面的黄色或白色斑纹变化较大。老熟幼虫体长38mm左右，头部两侧各有4个黄斑，各节背面在白色斑纹处杂有大黄斑1个、小红斑数个、中红斑1个，呈纵线状排列。

生活习性 年发生世代数因地域不同而有差异。广东等地年发生5～6代，浙江等地年发生4代，以幼虫在木防己（*Coeculus trilobus*）周围杂草丛和土缝中越冬，翌年5月中旬～7月下旬第1代发生；7月上旬～9月上旬发生第2代；8月下旬～10月上旬发生第3代；9月下旬～次年4月发生第4代。福建成虫于8月底9月初出现，为害柑橘、葡萄、龙眼、荔枝等果实。幼虫在湖北各代高峰期为6月、8月、9月三个月，10月虫口明显下降。成虫昼伏夜出，有弱趋光性，但嗜食糖液，略具假死性。无风、闷热的晚上发生数量较多。成虫吸食果汁时间颇长，由几分钟至1h以上，被害果初期被刺孔变色，后逐渐腐烂而脱落。成虫产卵多在夜间上半夜，卵散产。初孵幼虫多隐藏在叶背取食，残留表皮。3龄畏阳光，在上午10时左右多迁移至附近木防己等杂草隐蔽处，下午4时以后再迁回寄主上为害。在广东7～8月间卵期3～4天，幼虫期20～27天，湖北蛹期约10天，成虫寿命7～9天。

防治方法 ①安置黑光灯或太阳能频振式杀虫灯或用糖醋液诱杀成虫。②清除橘园四周夜蛾科幼虫喜食的寄主十大功劳、汉防己、木防己等，减少幼虫食物。③提倡用小叶桉油或香茅油驱避上述成虫，方法：用7cm×8cm的草纸片浸油，挂在树上，每棵树挂1片，夜间挂上，白天取回，第2天再补浸加油。④成虫发生盛期喷洒5.7%氟氯氰菊酯乳油1500倍液或20%甲氰菊酯乳油2000倍液。

艳叶夜蛾

学名 *Maenas salaminia* Fabricius，属鳞翅目、夜蛾科。异名：*Eudocima salaminia* Gramer。分布于浙江、江西、广东、广西、台湾、云南等地。

寄主 柑橘、龙眼、荔枝、黄皮、番石榴、芒果、桃、苹果、梨等。

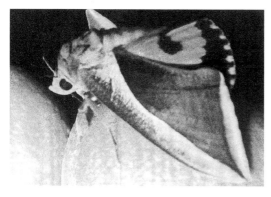

艳叶夜蛾成虫

为害特点 成虫吸食果实汁液，尤其近成熟或成熟果实。

形态特征 成虫：体长31～35mm，翅展80～84mm。头、胸部背面灰褐色，中后胸、下唇须黄绿色，腹背灰黄色。触角丝状，复眼黑褐色。前翅前缘绿色，向内渐浅。从顶角至内缘基部形成一白色宽带，外缘区白色，余绿色。后翅橘黄色，中部生1黑色肾纹，腹背杏黄色。末龄幼虫：体长52～72mm，头部暗褐色，有黑色不规则斑点；身体紫灰色，满布暗褐色不规则较细的斑纹，背线、气门上线、亚腹线暗褐色，第8腹节生2锥形突起。胸足外侧褐色，腹足褐色，气门筛黄褐色，围气门片黑色。

生活习性 8月中旬后为害柑橘果实，晚上20～23时觅食多，闷热、无风、无月光的夜晚成虫出现数量大，为害也重。山区丘陵果园受害重。

防治方法 ①新建橘园尽可能连片，选种较晚熟的品种。②果实成熟期，把甜瓜切成小块悬挂在橘园，引诱成虫取食，夜间进行捕杀。③每6670m² 设置40W黄色荧光灯6支，对该虫有一定拒避作用。④发生量大时，于果实近成熟期用糖醋液加90%敌百虫可溶性粉剂于黄昏时放在园中诱杀成蛾有效。⑤注意保护利用天敌。

橘实蕾瘿蚊

学名 *Resseliella citrifrugis* Jiang，属双翅目、瘿蚊科。新害虫。别名：橘实蝇蚊、橘实瘿蚊、橘红瘿蚊、红沙虫。分布于贵州、四川、湖北、广东、广西、海南等地。

寄主 限于橘、橙和柚类。已成为橘、沙田柚生产上毁灭性大害虫，近年为害日趋严重。

为害特点 以幼虫蛀食内果皮，引起落果。

形态特征 成虫：雌虫体长2mm，翅展3.5～3.8mm，淡红色，全体密被细毛。触角共14节，基部2节柄状，第3～13节每节近筒状，节间生2圈刚毛，第14节圆锥形。中胸发达。

橘实蕾瘿蚊幼虫蛀害柚果实状

橘实蕾瘿蚊幼虫蛀害沙田柚果实状

前翅基部收缩，椭圆形，膜质，翅脉简单而少，翅面阔，生黑色短细毛，组成斑点和条纹，阳光下显金属光泽。腹部圆筒形，产卵管细长。雄虫体略小于雌虫，翅展 2.6 ～ 3.3mm，触角明显比雌虫的长，共 14 节，着生许多刚毛和环状毛，第 3 ～ 13 节哑铃形，第 14 节圆锥形。腹末端向上弯曲，具交配器 1 对，向内抱曲。幼虫：纺锤形，老龄虫 3 ～ 4mm，红色，可见 13 个体节。初孵幼虫乳白色半透明，头壳短，腹部有浅黄斑，后渐转乳黄、浅红至红色。幼虫末端有 4 个突起，中胸腹板有 1 个 "Y" 状骨片。头顶有 1 对叉状额刺，腹面观翅芽后延可达第 3 腹节后缘。后足雌蛹达第 5 节，雄蛹达第 6 节。

生活习性 广东、广西年生 4 ～ 5 代，4 月中旬 ～ 5 月上旬开始发生，5 月中旬 ～ 6 月下旬受害重。贵州年发生 3 ～ 4 代，世代重叠严重，越冬代相对羽化较整齐。以老熟幼虫在土中越冬，翌年 5 月在表土中化蛹、羽化。贵州都匀市郊 6 月初在橘园始见成虫，如 5 月下旬多雨，羽化量很大。6 月底 ～ 7 月上中旬出现第一次落果高峰，8 月中旬出现第二次落果高峰，9 月中下旬出现第三次落果高峰，10 月中下旬出现第四次落果高峰，并以末代幼虫越冬。成虫寿命 2 ～ 5 天。卵期 3 天；幼虫期一般 30 ～ 35 天，第 4 代幼虫期则长达 200 余天；蛹期第 2 ～ 3 代 7 ～ 9 天，第 1、第 4 代 12 ～ 16 天。成虫羽化出土时间多在 18 ～ 22 时，夜间交尾，白天常停在果面或叶上，活动力弱，飞翔力差，借风扩散。雌虫产卵管细长，刺破果皮，多将卵产在果蒂或果肩背阴面（脐橙等品种则产于脐缝中）果皮之白皮层中，数粒至几十粒不等。幼虫孵化后，蛀食白皮层成隧道，不取食瓤，有时还可向果心蛀食。被害部之果皮抽缩呈黑褐色，常出现龟裂。被蛀果在湿度大时易发生霉烂，干燥时大量掉落。幼虫老熟后，从蛀孔处弹跳出，入土化蛹。入土幼虫耐湿力强而抗旱力弱，在土壤含水量达 15% ～ 18% 时，成活率很高。在相对湿度低于80%时，蛹很难羽化。沙质土、橘树长势茂密、园内相对湿度大、光照少，适于橘实蕾瘿蚊的危害。

防治方法 ①及时摘、拾被害虫果，集中泡杀幼虫，减少虫源。若此前用脚将虫果踏破后再丢入水坑中，效果更彻底。②冬季深翻土，将表土中越冬的幼虫埋于15cm以下深处，减少成虫的羽化量。③结合冬季修剪，回缩植株间茂密的枝梢，保持橘园通风透光。④6月上旬～7月下旬，用杀虫剂重点防治成虫，控制前两代发生量，降低后期为害率。用5%氯虫苯甲酰胺悬浮剂1000倍液或75%灭蝇·杀单可湿性粉剂5000倍液喷雾树冠和果面，防效理想。⑤烟熏杀成虫。用锯木屑100kg、硫黄粉1.5～2kg、甲敌粉3kg，拌匀，装入长30cm、口径15cm的塑料袋中，压紧。临用时再倒入少许80%敌敌畏乳油。选择成虫发生期、越冬代成虫集中羽化期，以及第1代成虫出现期，将烟熏剂置于园中，每667m² 3～4个药袋，傍晚时点燃，效果良好。

柑橘皱叶刺瘿螨

学名 *Phyllocoptruta oleivora*（Ashmead），属真螨目、瘿螨科。别名：柑橘锈瘿螨、橘芸锈螨、柑橘锈壁虱、锈壁虱等。分布于山东、河南、江苏、上海、浙江、江西、福建、台湾、湖北、湖南、广西、广东、陕西、甘肃、四川、贵州、云南。

寄主 柑橘、橙、柚、沙田柚。

为害特点 成螨、若螨刺吸果实、叶及嫩枝的汁液，被害果变黑褐色，果皮粗糙出现龟裂网状纹，重者全部变黑；受害叶背初呈黄褐色，后变黑褐色早落，削弱树势。

柑橘皱叶刺瘿螨为害
柚果状

柑橘皱叶刺瘿螨成螨

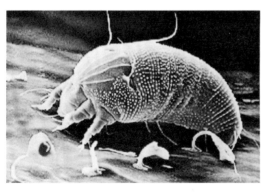

柑橘皱叶刺瘿螨成螨
（放大）

形态特征 成螨：雌体长约0.15mm，浅黄色，粗短，纺锤形，腹部具许多环纹，背片约31个，腹片约58个。头胸部背面平滑，足2对，前足稍长，腹部末端具长尾毛一对。卵：

圆球形，灰白色，透明有光泽。若螨：似成螨，体较小，淡黄色，半透明。

生活习性 南部柑橘区年生18～24代，以成螨在腋芽、卷叶内及秋梢叶上越冬，翌年3～4月日平均气温15℃左右时，开始为害繁殖；5月之后虫口数量迅速增加，渐向果实和夏秋梢转移为害，7～10月盛发，7～9月高温干旱常猖獗成灾。行孤雌生殖，卵多产于叶背及果实下凹处。性喜荫蔽，多集中于树冠的内部、下部、叶背、果实下方及背阴处为害。其天敌有多毛菌、捕食螨、捕食性蓟马、瘿蚊等。

防治方法 参考柑橘全爪螨。为害期还可喷杀菌剂80%代森锰锌可湿性粉剂800～900倍液、45%石硫合剂晶体300倍液兼治橘芸锈螨，或喷洒14%阿维·丁硫乳油1200～1500倍液、5%氟虫脲乳油800～1000倍液、1.8%阿维菌素乳油4000倍液、43%联苯肼酯悬浮剂3000倍液，防效优异。

沙田柚桃蛀野螟

学名 *Conogethes punctiferalis*（Guenée）=*Dichocrocis punctiferalis*，属鳞翅目、草螟科。别名：桃蛀螟。分布在贵州、安徽、陕西、江苏、浙江、湖北、云南、湖南、广西、福建、台湾等地。

寄主 柑橘、甜橙、柚、石榴、大粒葡萄、桃、李、杏、梅。桃、石榴是主要为害对象，曾有十桃九蛀之说，贵州李和柚的受害程度不亚于桃，还为害番茄、茄子等茄果类蔬菜，上述寄主受害后果实被蛀，引起大量落果，不能食用，产量损失较大。

生活习性 年生2～5代，由于地区及环境生态不同，各地发生代数和各代寄主选择亦不同，在贵州主要以第3代

桃蛀野螟幼虫为害
沙田柚造成的落果

幼虫危害柚、甜橙和晚熟茄子。浙江舟山地区1～3代都在楚门文旦上繁殖，以脐橙受害最重，蛀果率14%，其次为台北柚（12.7%），甜橙为2.4%。成虫据果径大小，把1～8粒卵产在果蒂或脐部附近。幼虫孵出后蛀入橘、橙内取食。幼虫为害小的果实，有转果为害的现象。贵州第1代幼虫主害桃，第2代为害玉米、甜玉米、向日葵，最后1代才为害柑橘。桃蛀野螟以幼虫在落果中或树缝、玉米秆中越冬，翌年4月下旬～5月上中旬化蛹，蛹期13.5天，5月中、下旬越冬代成虫羽化交尾产卵，卵期6～8天。5月底、6月上中旬第1代幼虫为害，6月下旬化蛹；7月中旬第1代成虫羽化；8月上、中旬第2代幼虫孵化为害；8月下旬～9月上旬第2代成虫羽化；9月上、中旬越冬代（第3代）幼虫孵化，10月中、下旬老熟幼虫越冬。各代重叠严重，桥梁寄主多，造成橘园成虫和幼虫高峰期参差不齐，拖延时间也长，给防治带来一定困难。

防治方法 ①名优柑橘、柚等品种园四周不要种桃、石榴、玉米、向日葵、茄果类蔬菜等桃蛀野螟喜食的农作物，以减少成虫数量。②发现果实被蛀，要把各代幼虫丢入粪坑水池中淹杀。③各代成虫羽化产卵期喷洒25%灭幼脲悬浮剂1500

倍液或40%敌百虫乳油400倍液、5%氟铃脲乳油1500倍液、5%氯虫苯甲酰胺悬浮剂1000倍液。

（2）花器芽叶害虫

褐橘声蚜

学名 *Toxoptera citricidus*（Kirkaldy），属同翅目、蚜科。分布于山东、江苏、安徽、上海、浙江、江西、福建、台湾、湖北、湖南、广西、广东、陕西、甘肃、四川、贵州、云南。

寄主 柑橘类、桃、梨、柿等。

为害特点 同橘二叉蚜，并可为害花器和幼果，严重者脱落。

褐橘声蚜

褐橘声蚜为害叶片

形态特征 成虫：有翅胎生雌蚜体长1.1mm左右，漆黑色有光泽，触角丝状、6节、灰黑色，第3节有感觉圈11～17个，分散排列，腹管长管状，尾片乳头状，两侧各有毛多根。翅白色透明，翅脉色深，翅痣淡黄褐色，前翅中脉分3叉。足胫节、跗节及爪均黑色。无翅胎生雌蚜体长1.3mm，与有翅胎生雌蚜相似，触角第3节无感觉圈，腹管下侧具明显的线条纹。卵：椭圆形，长0.6mm，漆黑有光泽。若虫：与无翅胎生雌蚜相似，体褐色，有翅若蚜3龄出现翅芽。

生活习性 南方年生10多代至20多代，广东和福建大部地区全年可行孤雌生殖，无休眠现象。浙江、江西和四川以卵在枝干上越冬，2～3月孵化，为害繁殖，至晚秋产生有性蚜交配，11月下旬～12月产卵越冬。繁殖适温24～27℃，4～5月盛发，为害春梢严重。北部地区晚春和早秋繁殖最盛。其天敌同橘二叉蚜。

防治方法 参考橘二叉蚜。

橘二叉蚜

学名 *Toxoptera aurantii*（Boyer de Fonscolombe），属同翅目、蚜科。别名：橘二叉声蚜、茶蚜、可可蚜。异名*Ceylonia theaecola*。分布在陕西、北京、河北、山东、安徽、江苏、浙江、福建、台湾、广东、广西、湖北、贵州、云南、四川等地。

寄主 木菠萝、银杏、柑橘、柚、沙田柚、橙、可可、荔枝、香蕉、咖啡等。

为害特点 以成蚜、若蚜在寄主植物嫩叶后面和嫩梢上刺吸为害，被害叶向反面卷曲或稍纵卷。严重时新梢不能抽出，引起落花。排泄的蜜露引起煤污病的发生，使叶、梢为黑灰色。

橘二叉蚜为害花蕾

橘二叉蚜（放大）

形态特征 成虫：无翅孤雌蚜，体卵圆形，长2.0mm，宽1.0mm，黑色、黑褐色或红褐色；胸、腹部色稍浅；触角第1、第2节及其他节端部黑色，喙端节、足除胫节中部外其余全骨化、灰黑色；腹管、尾片、尾板及生殖板黑色。头部有皱褶纹；中额瘤稍隆，额瘤隆起外倾；触角长1.5mm，有瓦纹；喙超过中足基节。胸背有网纹；中胸腹岔短柄。后足胫节基部有发音短刺一行。腹部背面微显网纹，腹面有明显网纹；气门圆形，骨化，灰黑色；缘瘤位于前胸及腹部1节以上，第7节缘瘤最大。腹管长筒形，基部粗大向端部渐细，有微瓦纹，有缘突和切迹；腹管长为尾片长的1.2倍；尾片粗锥形，中部收缩，端部有小刺突瓦纹，有长毛19～25根；尾板长方块形，有长短毛19～25根；生殖板有14～16根毛。有翅孤雌蚜，体长卵形，黑褐色。触角第3节在端部2/3处有排成一行的圆形次生感觉圈5～6个。前翅中脉分二岔，后翅正常。其他特征与无翅孤雌蚜相似。若虫：特征与无翅孤雌蚜相似，体小；1龄若蚜体长0.2～0.5mm，淡黄至淡棕色，触角4节。2龄若蚜触角5节。3龄若蚜触角6节。

生活习性　安徽年生25代以上，以卵在叶背越冬。翌年2月下旬气温达4℃以上时，开始孵化，3月上旬进入盛孵期，以后孤雌胎生，一代代繁衍下去，4月下旬～5月中旬出现高峰，夏季虫少，9月底～10月中旬虫口又复上升，11月中旬末代出现两性蚜，开始交配、产卵越冬。该蚜喜聚集在新梢嫩叶背面或嫩茎上，尤其是芽下1～2叶处虫口最多，早春多在中部和下部嫩叶上，春季向上部芽梢处转移，夏天又返回下部，秋季再次定居在芽梢处为害，当芽梢处虫口密度很大或气候异常时，即产生有翅蚜迁飞到新的芽梢上繁殖为害，5月上、中旬，第4～5代有翅蚜所占比例较大，有翅蚜迁飞扩展喜在晴朗风力小于3级的黄昏时进行。每只无翅成蚜可产仔蚜35～45头，每个有翅成蚜产仔蚜18～30头，性蚜每雌产卵4～10粒。适温少雨条件下有利该虫发生。其天敌主要有大草蛉、中华草蛉、黄斑盘瓢虫、龟纹瓢虫等。

防治方法　①个别发生数量多、虫口密度大的嫩梢，可人工采除，防止蔓延。②生物防治。提倡喷洒26号杀虫素50～150倍液，气温高时用低浓度，气温低时适当提高浓度。要注意保护利用天敌昆虫。必要时人工助迁瓢虫，可有效防治该蚜。③虫口密度大或选用生物防治法需压低虫口密度时，橘蚜若虫始盛期喷洒25%噻虫嗪水分散粒剂2500倍液或10%烯啶虫胺水剂2500倍液、2.5%高效氯氟氰菊酯乳油1000倍液、2.5%鱼藤酮乳油300倍液。

柑橘园绣线菊蚜

学名 *Aphis citricola* van der Goot，属同翅目、蚜科。又名橘绿蚜、苹果黄蚜、绿色橘蚜等，除为害苹果、梨、石榴、樱桃外，还为害柑橘、枇杷、番木瓜、罗汉果等南方果树，是橘园重要害虫，分布在四川、重庆、浙江、江苏、江西、贵州、云南、广西、福建、台湾。

为害特点 以成蚜、若蚜群聚在柑橘芽、嫩梢、嫩叶、花蕾和幼果上吸食汁液，为害嫩叶的群集在叶背，造成叶卷曲，为害幼芽的引起幼芽分化停滞，不能抽梢；嫩梢受害后节间短缩，夏季高温季节，梢叶一旦受害次日便可卷曲。花、幼果受害，造成落花、落果，还可诱发煤烟病。

生活习性 该蚜虫在我国柑橘产区年生20多代，以卵在柑橘枝条缝隙或芽苞附近越冬，4～6月为害春梢或早夏梢形成高峰，虫口密度以6月居多，9～10月进入第2次为害高峰，为害秋梢和晚秋梢。绣线菊蚜属全年发生、秋季重发的类型。在温度偏低的橘区秋后产生两性蚜，把卵产在雪柳等树上，少数也有产在柑橘树上的。春季孵出无翅干母，并产生胎生有翅雌蚜。柑橘树上春芽伸展时，才飞到柑橘树上为害，春叶变硬时暂时减少，夏芽萌发后又迅速增加，进入雨季又有所减少，

柑橘园绣线菊蚜

秋芽时再度猖獗，一直到初冬。

防治方法 ①冬、夏季结合修剪，剪除有虫枝梢、有卵枝，消灭越冬虫源。夏、秋梢抽发时，结合摘心和抹芽，切断其食物链，剪除冬梢和晚秋梢压低越冬虫口基数。②保护瓢虫、草蛉、食蚜蝇、食蚜蚂蚁进行生物防治。③橘园安装黄色黏虫板，可粘捕大量有翅蚜。④在蚜虫发生始盛期用10%烯啶虫胺水剂2500倍液或10%氯噻啉可湿性粉剂5000倍液、3%啶虫脒乳油3000倍液喷洒茎叶。

柑橘全爪螨

学名 *Panonychus citri*（Mc Gregor），属真螨目、叶螨科。别名：柑橘红蜘蛛、瘤皮红蜘蛛。分布在江苏、上海、江西、福建、台湾、湖北、湖南、浙江、四川、贵州、重庆、广东、广西、云南等地。

寄主 柑橘类、枇杷、葡萄、樱桃、桃、梨等，主要为害柑橘类。

为害特点 成螨、若螨刺吸叶片汁液，致受害叶片失去光泽，出现失绿斑点，受害重的全叶灰白脱落，影响植株开花结果。

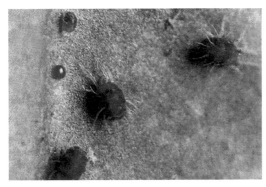

柑橘全爪螨

形态特征 成螨：雌体长0.4mm，宽0.27mm。椭圆形，背面隆起、深红色，背毛白色，着生于粗大的毛瘤上，毛瘤红色。须肢跗节端感器顶端略呈方形，稍膨大，其长稍大于宽；背感器小枝状。气门沟末端稍膨大。各足爪间突呈坚爪状，其腹基侧具一簇针状毛。雄体长0.35mm，宽0.17mm。鲜红色。后端较狭呈楔形。须肢跗节端感器小柱形，顶端较尖；背感器小枝状，长于端感器。幼螨：体长0.2mm，色淡，足3对。若螨：与成螨相似，足4对，体较小。

生活习性 南方年生15～18代，世代重叠。以卵、成螨及若螨于枝条和叶背越冬。早春开始活动为害，渐扩展到新梢为害，4～5月达高峰，5月以后虫口密度开始下降，7～8月高温其数量很少，9～10月虫口又复上升，为害严重。一年中春、秋两季发生严重。气温25℃、相对湿度85%时，完成一代约需16天；气温30℃、相对湿度85%时，完成一代需13～14天；冬季气温12℃左右，完成一代需63～71天。发育和繁殖的适宜温度范围是20～30℃，最适温度25℃。行两性生殖，也可行孤雌生殖，每雌可产卵30～60粒，春季世代卵量最多。卵主要产于叶背主脉两侧、叶面、果实及嫩枝上。其天敌有捕食螨、蓟马、草蛉、隐翅虫、花蝽、蜘蛛、寄生菌等。

防治方法 ①加强水肥管理，种植覆盖植物如藿香蓟等，改变小气候和生物组成，使不利害螨而有利益螨。②保护利用天敌。提倡人工饲放胡瓜钝绥螨可抑制害螨为害，此方法已在福建推广成功，可与福建省农科院植保所联系。③为害期药剂防治。于柑橘叶螨发生始盛期叶面喷洒43%联苯肼酯（爱卡螨）悬浮剂3000倍液或24%螺螨酯悬浮剂3000倍液或5%唑螨酯乳油1250～2500倍液、15%哒螨灵乳油937倍液、10%浏阳霉素乳油650倍液。为避免产生抗药性，要坚持3种杀螨剂合理交替使用，明显延缓抗药性。

柑橘始叶螨

学名 *Eotetranychus kankitus* Ehara，属真螨目、叶螨总科。别名：四斑黄蜘蛛、柑橘黄蜘蛛、柑橘黄东方叶螨。分布在贵州、四川、湖南、广西、湖北、陕西、江西、福建、浙江。

寄主 柑橘、甜橙和柚类、桃及葡萄等。

为害特点 主害叶片，也为害嫩枝、花蕾和果实。常群聚于背面叶脉两侧或叶缘处，用口器刺入叶细胞中吸食汁液，使被害部位褪绿形成黄色斑块。嫩叶被害后扭曲畸形，严重时出现落叶、落花、落果乃至嫩梢枯死。虫口密度大时，导致树势衰退，产量下降，果实品质变劣。

形态特征 成螨：雌螨卵圆形，长0.3～0.4mm，宽约2mm，黄色至橙黄色，背部稍隆起，具平行状细肤纹。体背有1对橘红色眼点，两侧有4块多角形黑斑。有胸足4对，足一胫节具刚毛9根，跗节近侧刚毛5根；足二胫节刚毛8根，跗节近侧刚毛3根；爪退化成短条状，端部具黏毛1对，爪间突端部分裂成大小相仿的3对刺。雄螨尾部稍尖，体呈菱形，长约0.3mm，宽约0.15mm，与雌螨同色。幼螨和若螨：幼螨近

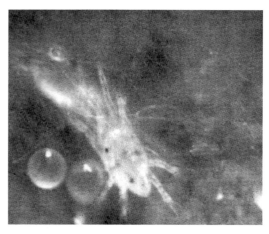

柑橘始叶螨成螨和卵

圆形，长约0.18mm，淡黄色，有足3对。若螨体形与成螨相似，稍小，具胸足4对。

生活习性 柑橘始叶螨在我国南方橘区年发生12～16代，世代重叠严重。以成螨和卵在潜叶蛾为害的秋梢卷叶内，或当年生春、夏梢叶背越冬。在贵州南部，无明显的休眠现象，5℃左右气温下仍可产卵孵化。完成一代的时间与温、湿度关系密切，小于7℃或高于30℃生长发育受到抑制，适宜温度20～25℃，相对湿度为65%～88%，多雨高湿不利其繁殖。此虫以两性生殖为主，也营孤雌生殖。刚羽化的成螨就能交尾繁殖，有一虫多交现象。每次交尾时间1～2min，交配后1～2日即可产卵。卵散产在叶背主脉两侧，每头雌虫产卵十数粒至近百粒。卵孵化后的幼螨、若螨和成螨，多在叶背栖息为害。新梢叶片成熟后，成螨喜趋为害。就一株树而言，柑橘始叶螨垂直分布在中下部树冠，其中下部约占总螨量的65%左右，中部约占25%；水平分布以内膛为主，树冠外部较少，这与其不喜强光，喜趋荫蔽的习性有关。

防治方法 ①冬季严格清园，压低越冬基数。采果后先用5%噻螨酮乳油1500倍液灭卵，再用石硫合剂或机油乳剂喷雾灭若螨、成螨和卵。②早春早防早治，提倡在2月下旬～3月上、中旬喷洒5%噻螨酮1500倍液加15%哒螨灵乳油937倍液或24%螺螨酯悬浮剂5000倍液，防治2～3次。夏季视虫情尽量减少用药次数，保护天敌。③交叉合理使用农药。要求既杀成螨、若螨又杀卵，减少甲氰菊酯使用次数，减缓产生抗药性。南方早春2～3月气温低，应选用速杀性且在低温下能充分发挥药效的杀螨剂，如22%阿维·哒螨灵乳油4000倍液。④生物防治。人工繁育释放深点食螨瓢虫、胡瓜钝绥螨、长须螨、植绥螨、纽氏钝绥螨、大赤螨等。化学防治时，尽可能优先选用对上述天敌杀伤力小的品种。

柑橘瘤螨

学名 *Eriophyes sheldoni*（Ewing），属真螨目、瘿螨科。别名：柑橘瘤壁虱、柑橘芽壁虱、瘤瘿螨、胡椒子、瘤疙瘩。分布在贵州、云南、四川、广西、陕西、湖南、湖北、广东。

寄主 仅限于柑橘类的金橘、红橘、蜜橘、酸橙、柚和柠檬等。

为害特点 主要为害春、夏季抽发的腋芽、嫩叶、花蕾、萼片和果蒂等幼嫩组织，但不为害果实。受害组织的细胞呈不正常分裂，形成如花椰菜花头样的绿色疣状虫瘿。害螨在虫瘿内取食和繁殖，故称瘤螨或瘤壁虱。被害严重的树，枝梢和花芽短小，稀稀零零地挂上几个小果，处处是无数大大小小的疙瘩，树势渐衰，几乎绝收。对这类弱树，褐天牛、爆皮虫和坡面材小蠹等易趋害，加速了果园的衰败，造成植株大量枯死。

形态特征 成螨：雌螨体长约1.8mm，宽约0.05mm，圆锥形，淡黄至橙黄色，半透明。头、胸合并，短而宽。口器前伸，喙筒状，侧生下颚须1对。足2对，由5节组成，其末端的羽状爪5～6轮。背盾片微拱，上有不明显的纵纹约10条。腹部有环纹65～70个，第8～10环上有侧毛1对，腹毛

柑橘瘤螨为害柑橘形成虫瘿结

3对，第1腹毛和尾毛最长，第2、第3腹毛短。尾板上有尾毛1对，副毛1对。雄螨体形与雌螨相同，长1.2～1.3mm，宽约0.03mm。卵：阔卵圆形，白色透明，大小48μm×33μm。幼螨、若螨：初孵幼螨短楔形，脱皮时若螨在虫蜕内隐现。若螨体形同成螨，长0.12～0.13mm，具背环65个，腹环46～48个。我国柑橘上的瘤螨，是属于*Eriophyes sheldoni*还是属于*Aceria*（*Eriophyes*）sp.尚有争议。

生活习性　由于柑橘瘤螨各虫态都在瘿瘤中发育和生活，无法系统了解其发生世代。根据在贵州的观察，该虫以成虫越冬，翌年3月中旬，虫瘿内层的成螨渐移栖外层活动。3月底4月中旬，当春梢嫩芽长1～2cm时，成螨向瘿外扩散迁至芽上为害。由于春梢期芽萌发不整齐，至4月下旬仍有晚萌发者，所以迁害期也随着拖长。叶芽被害后形成新的虫瘿，瘿内虫量不断繁殖增加，叶组织不断增生，虫瘤越来越大。早抽发的夏梢也受到为害，但程度轻，晚夏梢和秋梢基本不受害。

防治方法　①农业防治。对受寒轻的树，结合田间管理，随时剪除虫瘿，集中烧毁。受害严重的树，化学防治失去意义，剪瘿劳动强度大，费工费时，且不彻底，应在冬季休眠期，连片将被害树重截枝，留下10余个骨干方向枝，剪除其余枝梢。春梢萌发时，按方位、分层次抹留早发的壮梢，2年后可恢复新的无虫树冠，并进入正常结果。冬季要施足底肥，偏施氮肥促营养生长。春芽萌动时需药剂保护，防止嫩芽被害形成虫瘿。实践证明上述方法防治彻底、经济有效。②化学防治。3月下旬～5月初，喷500g/L溴螨酯乳油1500倍液或73%炔螨特乳油2500倍液、40%乐果乳油+5%唑螨酯1500倍液效果最好，也可喷14%阿维·丁硫乳油1200～1500倍液、20%甲氰菊酯加15%哒螨灵乳油1500倍液，隔15～20天再防1次。③提倡释放胡瓜钝绥螨进行生物防治。

柑橘恶性叶甲

学名 *Clitea metallica* Chen，属鞘翅目、叶甲科。别名：恶性橘啮跳甲、恶性叶虫、黑叶跳虫、黄滑虫、黄懒虫等。分布在江苏、浙江、江西、福建、湖南、广西、广东、陕西、四川、云南。

寄主 柑橘类。

为害特点 成虫食嫩叶、嫩茎、花和幼果；幼虫食嫩芽、嫩叶和嫩梢，分泌物和粪便污染致幼叶枯焦脱落。是为害柑橘新梢的害虫。

形态特征 成虫：体长2.8～3.8mm，长椭圆形，蓝黑色

柑橘恶性叶甲成虫

柑橘恶性叶甲幼虫为害橘叶状

有光泽。触角基部至复眼后缘具1倒"八"字形沟纹，触角丝状、黄褐色。前胸背板密布小刻点，鞘翅上有纵刻点列10行，胸部腹面黑色，足黄褐色，后足腿节膨大，中部之前最宽，超过中足腿节宽的2倍。腹部腹面黄褐色。幼虫：体长6mm，头黑色，体草黄色。前胸盾半月形，中央具1纵线分为左右两块，中、后胸两侧各生1黑色突起，胸足黑色。体背分泌黏液粪便黏附背上。

生活习性 浙江、湖南、四川和贵州年生3代，江西和福建3～4代，广东6～7代，均以成虫在树皮缝、地衣、苔藓下及卷叶和松土中越冬。春梢抽发期越冬成虫开始活动，3代区一般3月底开始活动，各代发生期：第1代4月上旬～6月上旬，第2代6月下旬～8月下旬，第3代（越冬代)9月上旬～翌年3月下旬。广东越冬成虫2月下旬开始活动。各代发生期：第1代3月上旬～6月上旬，第2代4月下旬～7日下旬，第3代6月上旬～9月上旬，第4代7月下旬～9月下旬，第5代9月中旬～10月中旬，第6代11月上旬，部分发生早的可发生第7代。均以末代成虫越冬。全年以第1代幼虫为害春梢最重，后各代发生甚少，夏、秋梢受害不重。成虫能飞善跳，有假死性，卵产在叶上，以叶尖（正、背面）和背面叶缘较多，产卵前先咬破表皮成1小穴，产2粒卵并排穴中，分泌胶质涂布卵面，每雌产卵百余粒，多者数百粒。初孵幼虫取食嫩叶叶肉残留表皮，幼虫共3龄，老熟后爬到皮缝中、苔藓下及土中化蛹。其天敌有一种白霉菌在蛹上寄生。

防治方法 ①清除霉桩、苔藓、地衣，堵树洞，消除越冬和化蛹场所。②树干上束草诱集幼虫化蛹，羽化前及时解除烧毁。③药剂防治，以卵孵化盛期施药为宜，可喷洒90%敌百虫可溶性粉剂或80%敌敌畏乳油、5%氯虫苯甲酰胺悬浮剂1000倍液、2.5%鱼藤酮乳油160～320倍液，均有良好效果。

柑橘花蕾蛆

学名 *Contarinia citri* Barnes，属双翅目、瘿蚊科。别名：橘蕾瘿蚊、花蛆。分布在江苏、浙江、江西、福建、台湾、湖北、湖南、广西、广东、四川、贵州、云南。

寄主 柑橘类。

为害特点 幼虫于花蕾内蛀食，被害花蕾膨大呈灯笼状，花瓣多有绿点，不能开花而脱落。

形态特征 成虫：雌体长约2mm，黄褐色，被细毛。触角念珠状，14节，每节环生刚毛。前翅膜质透明，被黑褐色细毛，后翅特化为平衡棒。足细长。雄成虫体长1.2～1.4mm，灰黄色，触角鞭节和亚节呈哑铃状，形似2节，球部环生刚毛。余同雌成虫。幼虫：体长2.8mm，长纺锤形，橙黄色。前胸腹面具1褐色"Y"形剑骨片。

生活习性 年生1代，少数2代，均以老熟幼虫在土中结茧越冬，在树冠周围30cm内外、6cm土层内虫口密度最大。3月越冬幼虫脱茧上移至表层，重新作茧化蛹，3～4月羽化出土，雨后最盛。花蕾露白时成虫大量出现并产卵于花蕾内，散产或数粒排列成堆，每雌可产卵60～70粒。卵期3～4天。幼虫在花蕾内为害10余天老熟脱蕾入土结茧，年生1代者即越

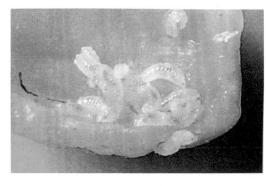

柑橘花蕾蛆
（夏声广摄）

冬。年生2代者在晚橘现蕾期羽化，花蕾露白时产卵于蕾内，第2代幼虫老熟后脱蕾入土结茧越冬。阴雨天脱蕾入土最多。成虫多于早、晚活动，以傍晚最盛，飞行力弱，羽化后1～2天即可交配产卵。一般阴湿低洼橘园发生较多，壤土、沙壤土利于幼虫存活发生较多，3～4月多阴雨有利于成虫发生，幼虫脱蕾期多雨有利于幼虫入土。

防治方法 ①冬季深翻或春季浅耕树冠周围土壤有一定效果。②及时摘除被害花蕾集中处理。③成虫出土前即柑橘现蕾初期，花蕾由青转白之前地面施药毒杀成虫效果很好，可用40%辛硫磷乳油400倍液或20%甲氰菊酯1000倍液地面喷洒，参见苹果害虫——桃小食心虫树下防治，1次施药即可。幼虫脱蕾入土前也可地面撒药毒杀幼虫。④多数花蕾变白时树冠喷药毒杀成虫于产卵之前，可喷洒75%灭蝇胺可湿性粉剂5000倍液或90%敌百虫可溶性粉剂、24%氰氟虫腙悬浮剂1000倍液，以及菊酯类及其复配剂常用浓度。

褐带长卷叶蛾

学名 *Homona coffearia* Nietner，属鳞翅目、卷蛾科。别名：茶卷叶蛾、后黄卷叶蛾、茶淡黄卷叶蛾、柑橘长卷蛾。异名：*Homona meniana* Nietner。分布在安徽、江苏、上海、浙江、湖南、福建、台湾、广东、广西、贵州、四川、云南、西藏等地。

寄主 银杏、枇杷、柑橘、苹果、梨、荔枝、龙眼、咖啡、杨桃、柿、板栗、茶等。

为害特点 幼虫在芽梢上卷缀嫩叶藏在其中，咀食叶肉，留下一层表皮，形成透明枯斑，后随虫龄增大，食叶量大增，卷叶苞可多达10个叶，蚕食成叶、老叶，春梢、秋梢后还能蛀果，造成落果。

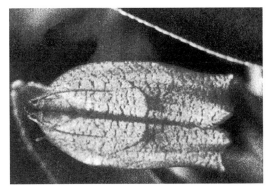

褐带长卷叶蛾雌成虫
（放大）

褐带长卷叶蛾幼虫在
橘果上

形态特征 成虫：体长6～10mm，翅展16～30mm，暗褐色，头顶有浓黑褐鳞片，唇须上弯达复眼前缘。前翅基部黑褐色，中带宽、黑褐色、由前缘斜向后缘，顶角常呈深褐色。后翅淡黄色。雌翅较长，超出腹部甚多；雄翅较短，仅遮盖腹部，前翅具短而宽的前缘褶。幼虫：体长20～23mm，头与前胸盾黑褐色至黑色，头与前胸相接处有1较宽的白带，体黄至灰绿色，前中足、胸黑色，后足淡褐色，具臀栉。

生活习性 华北地区及安徽、浙江年生4代，湖南4～5代，福建、台湾、广东6代，均以幼虫在柑橘、荔枝等卷叶苞内越冬。安徽越冬幼虫于翌春4月化蛹、羽化，1～4代幼虫分别于5月中下旬、6月下旬～7月上旬、7月下旬～8月中旬、9月中旬～翌年4月上旬发生。广东6～7月均温28℃，卵期

6～7天，幼虫期17～30天，蛹期5～7天，成虫期3～8天，完成一代历时31～52天。幼虫共6龄。1龄3～4天，2龄2～4天，3龄2～5天，4龄2～4天，5龄2～5天，6龄4～9天。个别出现7龄5～9天，幼虫幼时趋嫩且活泼，受惊即弹跳落地，老熟后常留在苞内化蛹。成虫白天潜伏在树丛中，夜间活跃，有趋光性，常把卵块产在叶面，每雌平均产卵330粒，呈鱼鳞状排列，上覆胶质薄膜，每雌可产2块。芽叶稠密的发生较多。5～6月降雨潮湿利其发生。秋季干旱发生轻。主要天敌有拟澳洲赤眼蜂、绒茧蜂、步甲、蜘蛛等。

防治方法 ①冬季剪除虫枝，清除枯枝落叶和杂草，集中处理，减少虫源。②摘除卵块和虫果及卷叶团，放天敌于保护器中。③保护利用天敌。④在第1、第2代成虫产卵期释放松毛虫赤眼蜂，每代放蜂3～4次，隔5～7天1次，每667m²次放蜂量2.5万头。⑤药剂防治：谢花期喷洒苏云金杆菌100亿活芽孢/g可湿性粉剂1000倍液，如能混入0.3%茶枯或0.2%中性洗衣粉可提高防效。此外，可喷白僵菌粉剂（每克含活孢子50亿～80亿个）300倍液或90%敌百虫可溶性粉剂800倍液、50%敌敌畏乳油900倍液、10%高渗烟碱水剂1000倍液、24%氰氟虫腙悬浮剂1000倍液、5%氯虫苯甲酰胺悬浮剂1000倍液。

拟小黄卷蛾

学名 *Adoxophyes cyrtosema* Meyrick，属鳞翅目、卷蛾科。别名：柑橘褐带卷蛾、青虫、柑橘丝虫。分布在广东、广西、福建、浙江、湖南、四川等地。

寄主 柑橘、荔枝、龙眼、柠檬等。

为害特点 幼虫为害芽、嫩叶、花蕾及幼果，导致大量落果，为害嫩叶吐丝缀合3～5片叶于内食害。

形态特征 成虫：体长7～8mm，翅展17～18mm，黄色，前翅色纹多变。雄前翅具前缘褶，后缘近基角有方形黑褐斑，两翅相合成六角形斑；中带黑褐色，从前缘1/3处斜向后缘，在中带2/3处斜向臀角有1褐色分支；近顶角处具深褐色斜纹伸向后缘。雌前翅后缘基角无方斑，中带褐色上半部狭，下半部向外侧增宽，顶角有三角形黑褐斑。后翅淡黄色。幼虫：体长18mm，头黄色，体黄绿色。前胸盾浅黄色，胸足浅黄褐色。腹足趾钩3序环，有臀栉。仅1龄头黑色。

生活习性 广州年生8～9代，重庆8代，福州7代，世代重叠，以幼虫在卷叶内越冬，有少数以蛹或成虫越冬。气温达8℃以上幼虫活动取食。广州3月上旬化蛹，3月中旬羽化，

拟小黄卷蛾雌雄成虫
（放大）

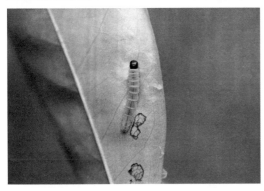

拟小黄卷叶蛾幼虫

成虫昼伏夜出，有趋光、趋化性，卵块生，产于叶上，每块有卵百余粒，呈鱼鳞状排列，每雌可产2～3块。卵期5～6天。3月中、下旬羽化，4～5月幼虫蛀果，导致大量落果；6～8月幼虫主害嫩叶；9月又蛀果引起第2次落果。幼虫较活泼，受惊扰常吐丝下垂，有转移习性。越冬代蛹期27天，余代5～7天。其天敌有赤眼蜂、绒茧蜂、绿边步行虫、食蚜蝇、广大腿小蜂、姬蜂等。

防治方法　参见褐带长卷叶蛾。

黄斑广翅小卷蛾

学名　*Hedya dimidiana*（Zetter.），属鳞翅目、卷叶蛾科。别名：桦广翅卷叶蛾、裹叶虫、吐丝虫。分布在贵州。

寄主　柑橘、白杨、猕猴桃等。

为害特点　以幼虫吐丝卷叶啃食叶片；果实着色后，蛀果取食，引起落果或腐烂。

形态特征　成虫：体长8～9mm，翅展19～21mm，为体形较大的卷叶蛾种类。体棕黄褐色，雄虫比雌虫色泽较深暗。唇须短，紧贴头部。前翅显著比其他卷叶蛾类宽大，R1脉出自中室中部之前，R4和R5脉基部靠近；最明显的特征是在前缘靠顶角一端，有一个浅黄色的半圆形大斑（本种学名中的"dimidia"——拉丁语含义为"一半分开"，即指不完整的圆斑，故得名）；翅面中横带区和外缘区具棕褐色毛带，并具可辨的青色光泽。后翅暗灰褐色，前缘区色淡黄，稍显光泽。本种与三角广翅小卷蛾（*Hedya ignara* Falk.）极相似，主要区别在于：后者前翅黑褐色，前缘靠顶角一端有一块三角形的淡黄色斑，翅面不具青色光泽。末龄幼虫：体长18～20mm，体色有淡黄色和黄绿色两种。头部黑褐色，前胸节背面浅污褐色。腹

黄斑广翅小卷蛾成虫

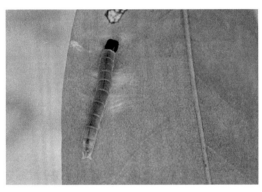

黄斑广翅小卷蛾幼虫
头部黑褐色

足趾钩双序环形。

生活习性 年生3～4代。贵州以老熟幼虫在卷叶内越冬，生活史与褐带长卷叶蛾极相似，温热地区以第1、第4代幼虫主害果，第2、第3代幼虫为害嫩芽或当年生成熟叶片。

防治方法 参见褐带长卷叶蛾。

柑橘凤蝶

学名 *Papilio xuthus* Linnaeus，属鳞翅目、凤蝶科。别名：橘凤蝶、黄菠萝凤蝶、黄檗凤蝶等。分布：除新疆未见外，全国各地均有分布。

寄主 柑橘、金橘、四季橘、柠檬、黄檗、黄菠萝等。

柑橘凤蝶成虫放大

柑橘凤蝶幼虫及为害
橘叶状

柑橘凤蝶假蛹和蛹

为害特点 幼虫食芽、叶，初龄食成缺刻与孔洞，稍大常将叶片吃光，只残留叶柄。苗木和幼树受害较重。

形态特征 成虫：有春型和夏型两种。春型体长21～

24mm，翅展69～75mm；夏型体长27～30mm，翅展91～105mm。雌虫略大于雄虫，色彩不如雄虫艳，两型翅上斑纹相似，体淡黄绿至暗黄，体背中央有黑色纵带，两侧黄白色。前翅黑色近三角形，近外缘有8个黄色月牙斑，翅中央从前缘至后缘有8个由小渐大的黄斑，中室基半部有4条放射状黄色纵纹，端半部有2个黄色新月斑。后翅黑色；近外缘有6个新月形黄斑，基部有8个黄斑；臀角处有1橙黄色圆斑，斑中心为1黑点，有尾突。幼虫：体长45mm左右，黄绿色，后胸背两侧有眼斑，后胸和第1腹节间有蓝黑色带状斑，腹部第4节和第5节两侧各有1条蓝黑色斜纹，分别延伸至第5节和第6节背面相交，各体节气门下线处各有1白斑。臭腺角橙黄色。1龄幼虫黑色，刺毛多；2～4龄幼虫黑褐色，有白色斜带纹，虫体似鸟粪，体上肉状突起较多。

生活习性 长江流域及以北地区年生3代，江西4代，福建、台湾5～6代，以蛹在枝上、叶背等隐蔽处越冬。浙江黄岩各代成虫发生期：越冬代5～6月，第1代7～8月，第2代9～10月，以第3代蛹越冬。广东各代成虫发生期：越冬代3～4月，第1代4月下旬～5月，第2代5月下旬～6月，第3代6月下旬～7月，第4代8～9月，第5代10～11月，以第6代蛹越冬。成虫白天活动，善于飞翔，中午至黄昏前活动最盛，喜食花蜜。卵散产于嫩芽和叶背，卵期约7天。幼虫孵化后先食卵壳，然后食害芽和嫩叶及成叶，共5龄，老熟后多在隐蔽处吐丝作垫，以臀足趾钩抓住丝垫，然后吐丝在胸腹间环绕成带，缠在枝干等物上化蛹（此蛹称缢蛹）越冬。其天敌有凤蝶金小蜂和广大腿小蜂等。

防治方法 ①捕杀幼虫和蛹。②保护和引放天敌。为保护天敌，可将蛹放在纱笼里置于园内，寄生蜂羽化后飞出再行寄生。③药剂防治。可用每克300亿孢子青虫菌粉剂

1000 ～ 2000倍液或24%氰氟虫腙悬浮剂1000倍液或5%氯虫苯甲酰胺悬浮剂1000倍液，于幼虫龄期喷洒。

达摩凤蝶

学名 *Princeps demoleus* Linnaeus，属鳞翅目、凤蝶科。别名：黄花凤蝶。分布于浙江、江西、贵州、福建、台湾、湖北、广西、广东、四川。

寄主 柑橘类。

为害特点 幼虫食叶成缺刻和孔洞。

形态特征 成虫：体长32mm，翅展92mm，体背灰黑，腹部两侧及腹面淡黄色，翅黑色，前翅有大小淡黄斑23个，中室内有放射状黄线纹，后翅有11个淡黄斑，前缘有1黑蓝眼斑，臀角具1椭圆形橙红色斑，无尾突；翅背面黑色，布满黄色大斑。卵：球形，浅黄色。幼虫：体长50mm，头橙黄色，胴部青绿色，后胸背面有齿纹，两侧有眼斑；第4腹节两侧有黑褐色斜纹，伸达第5节背面不相交，第6、第8、第9节两侧也有斜纹伸达气门，第2 ～ 6节背面各有2个黑点。臭腺角紫红色，基部橙黄色。

生活习性 广东年生4 ～ 5代，贵州、浙江、福建3 ～ 4

达摩凤蝶成虫（放大）

代，以蛹越冬。广东各代成虫发生期：越冬代3月下旬～4月，第1代5月中下旬～6月上旬，第2代6月下旬～7月上旬，第3代8月中、下旬，第4代10月上、中旬，以第5代蛹越冬。越冬蛹期128～141天。成虫、幼虫习性与柑橘凤蝶相似。

防治方法 参考柑橘凤蝶。

玉带凤蝶

学名 *Papilio polytes* Linnaeus，属鳞翅目、凤蝶科。别名：白带凤蝶、黑凤蝶、缟凤蝶等。分布在北起北京、太原、西安、甘肃张家川，南至台湾、海南、广东、广西。

玉带凤蝶幼虫

玉带凤蝶成虫

寄主 柑橘类、花椒、山椒等芸香科植物。

为害特点 同柑橘凤蝶。

形态特征 成虫：体长25～28mm，翅展95～100mm。全体黑色。头较大，复眼黑褐色，触角棒状，胸背部有10个小白点，成2纵列。雄前翅外缘有7～9个黄白色斑点，近臀角者较大；后翅外缘呈波浪形，有尾突，翅中部有黄白色斑7个，横贯全翅似玉带，故得名。雌有两型：黄斑型与雄虫相似，后翅近外缘处有半月形深红色小斑点数个，或在臀角有1深红色眼状纹；赤斑型前翅外缘无斑纹，后翅外缘内侧有横列的深红黄色半月形斑6个，中部有4个大型黄白斑。幼虫：体长45mm，头黄褐，体绿至深绿色，前胸有1对紫红色臭腺角。后胸肥大与第1腹节愈合，后胸前缘有1齿形黑色横纹，中间有4个灰紫色斑点，两侧有黑色眼斑；第2腹节前缘有1黑色横带；第4、第5腹节两侧各有1黑褐色斜带，带上有黄、绿、紫、灰色斑点；第6腹节两侧各有1斜形花纹。幼虫共5龄：初龄黄白色，2龄黄褐色，3龄黑褐色，1～3龄体上有肉质突起和淡色斑纹，似鸟粪；4龄油绿色，体上斑纹与老熟幼虫相似。

生活习性 河南年生3～4代，浙江、四川、江西4～5代，福建、广东5～6代，以蛹在枝干及柑橘叶背等隐蔽处越冬。浙江黄岩各代成虫发生期依次为5月上、中旬；6月中、下旬；7月中、下旬；8月中、下旬；9月中、下旬。广东各代成虫发生期依次为3月上、中旬；4月上旬～5月上旬；5月下旬～6月中旬；6月下旬～7月；7月下旬～10月上旬；10月下旬～11月，以第6代蛹越冬，越冬蛹期103～121天。成虫、幼虫习性与柑橘凤蝶相似。

防治方法 参考柑橘凤蝶。

棉蝗

学名 *Chondracris rosea*（De Geer），属直翅目、蝗科。分布在辽宁、内蒙古、陕西、河北、河南、山东、安徽、江苏、浙江、江西、福建、台湾、广东、海南、广西、四川、云南等地。

寄主 椰子、柑橘、相思树、樟树、棉花、草坪及各种农作物、蔬菜等。

为害特点 食叶成缺刻或孔洞。

形态特征 雄体长45～51mm，雌体长60～80mm，雄前翅长12～13mm，雌16～21mm，体黄绿色，后翅基部玫瑰色。头顶中部、前胸背板沿中隆线及前翅臀脉域生黄色纵条纹。后足股节内侧黄色，胫节、跗节红色。头大，较前胸背板长度略短。触角丝状，向后伸达后足股节基部，中段一节长为宽的3.3～4倍。前胸背板有粗瘤突，中隆线呈弧形拱起，有3条明显横沟切断中隆线。前胸背板前缘呈角状凸出，后缘直角形凸出。中后胸侧板生粗瘤突。前胸腹板突为长圆锥形，向后极弯曲，顶端几达中胸腹板。前翅发达，长达后足胫节中部，后翅与前翅近等长。后足胫节上侧的上隆线有细齿，但无外端

棉蝗

刺。雄体腹部末节背板中央纵裂，肛上板三角形，基半中央有纵沟。雌体肛上板亦为三角形，中央有横沟。下生殖板后缘中央三角形突出，产卵瓣短粗。

生活习性 河南年生1代，以卵在土中越冬。翌年越冬卵于5月下旬孵化，6月上旬进入盛期，7月中旬为成虫羽化盛期，9月后成虫开始产卵越冬。成虫羽化后第2天开始取食；经10天左右交尾产卵。卵产于土中，产一次卵后，再次交尾。卵块周围有胶质卵袋。每雌产卵100～300粒。成虫善飞，寿命50～90天，蝗蝻历期50～60天。

防治方法 幼蝻期喷洒20%氰戊菊酯乳油1500倍液或5%除虫菊素乳油1000倍液、20%氰·辛乳油1000倍液、5%氟啶脲乳油2000倍液。

柑橘粉虱

学名 *Dialeurodes citri*（Ashmead），属同翅目、粉虱科。别名：柑橘绿粉虱、茶园橘黄粉虱、通草粉虱、白粉虱。分布在北京、河北、山东、安徽、江苏、上海、浙江、湖北、湖南、福建、台湾、广东、海南、广西、云南、四川。

柑橘粉虱成虫

柑橘粉虱若虫

寄主 柑橘、金橘、石榴、柿、板栗、咖啡、茶、油茶、女贞、杨梅等。

为害特点 以幼虫群集于叶背刺吸汁液，粉虱产生分泌物易诱发煤病，影响光合作用，致发芽减少，树势衰弱。

形态特征 成虫：雌虫体长1.2mm，雄虫1mm左右，体淡黄色，全体覆有白色蜡粉，复眼红褐色，翅白色。幼虫：淡黄绿色，椭圆形，扁平，体周围有小突起17对，并有白色蜡丝呈放射状。

生活习性 浙江年生3代，以老熟幼虫或蛹在叶背越冬，翌年5月上中旬～6月羽化。成虫白天活动，雌虫交尾后在嫩叶背面产卵，每雌产130粒左右。未经交尾亦能产卵繁殖，但后代全是雄虫。幼虫孵化后经数小时即在叶背固定，后渐分泌白色棉絮状蜡丝，虫龄增大蜡丝也增长。以树丛中间徒长枝和下部嫩叶背面发生最多。每年7～8月间发生最盛。其天敌有寄生蜂和寄生菌。

防治方法 ①加强管理。合理施肥，及时清除杂草，修剪疏枝。该虫为害严重的地区及时剪除距地面27～33cm以下的树枝，改善通风透光条件，可消灭部分粉虱。发生严重、树势衰退的应重修剪，修剪后立即喷药防治。②在各代幼虫孵化盛末期或成虫盛发期及时喷药防治。由于该虫后期发生不整齐，应狠抓第1代的防治，发生严重时，对第1代连续防治2次，分别在幼虫孵化盛末期和成虫盛发期，两次间隔10天左右，以后各代根据虫情重点防治或挑治。药剂可选用200g/L溴氰虫酰胺悬浮剂0.0627mg/L，该杀虫剂双向传导，可用于喷洒或灌根，对3龄若虫最敏感。也可选用22.4%螺虫乙酯悬浮剂2000倍液或240g/L螺虫乙酯（亩旺特）悬浮剂2000倍液+70%吡虫啉（艾美乐）防治粉虱效果最好。或用5%啶虫脒乳油3000倍液、25%噻虫嗪水分散粒剂4000倍液、20%吡虫啉浓可溶剂2000倍液。由于粉虱多分布在叶背，尤其是柑橘粉虱，多在中间徒长枝的叶背，因此喷药时要求全面周到。③保护利用天敌。柑橘粉虱座壳孢菌（*Peroneutyta* sp.）是柑橘粉虱和介壳虫等的寄生真菌，为了提高其寄生率，防治柑橘病害时，提倡用石硫合剂、多菌灵、甲基硫菌灵、硫悬浮剂等对粉虱座壳孢菌杀伤率低的杀菌剂。

黑刺粉虱

学名 *Aleurocanthus woglumi* Ashby，异名 *A.spiniferus* (Qua-intance)，属同翅目、粉虱科。别名：橘刺粉虱、刺粉虱、黑蛹有刺粉虱。分布在江苏、上海、浙江、安徽、河南、江西、福建、台湾、湖北、湖南、广东、海南、广西、贵州、云南、四川。

寄主 除为害柑橘、橙、柚、沙田柚外，还为害人心果、葡萄、柿、梨、枇杷、龙眼、荔枝、杨梅、香蕉、苹果、栗等。

为害特点 成虫、若虫刺吸叶、果实和嫩枝的汁液，被害叶出现失绿黄白斑点，随为害的加重斑点扩展成片，进而全叶苍白早落；被害果实风味品质降低，幼果受害严重时常脱落。排泄蜜露可诱致煤污病发生。该虫近年为害呈上升趋势，成为果树重要害虫。

形态特征 成虫：体长0.96～1.3mm，橙黄色，薄敷白粉。复眼肾形、红色。前翅紫褐色，上有7个白斑；后翅小，淡紫褐色。若虫：体长0.7mm，黑色，体背上具刺毛14对，体周缘泌有明显的白蜡圈；共3龄，初龄椭圆形淡黄色，体背生6根浅色刺毛，体渐变为灰至黑色，有光泽，体周缘分泌1圈白蜡质物；2龄黄黑色，体背具9对刺毛，体周缘白蜡圈明显。

生活习性 安徽、浙江年生4代，福建、湖南、湖北和四川4～5代，均以若虫于叶背越冬。越冬若虫3月间化蛹，3月下旬～4月羽化。世代不整齐，从3月中旬～11月下旬田间各虫态均可见。各代若虫发生期：第1代4月下旬～6月，第

黑刺粉虱成虫（上）
和蛹

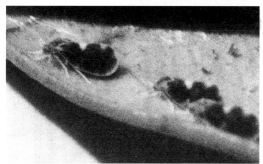

黑刺粉虱成虫（放大）

2代6月下旬～7月中旬，第3代7月中旬～9月上旬，第4代10月～翌年2月。成虫喜较阴暗的环境，多在树冠内膛枝叶上活动，卵散产于叶背，散生或密集呈圆弧形，数粒至数十粒一起，每雌可产卵数十粒至百余粒。初孵若虫多在卵壳附近爬动吸食，共3龄，2～3龄固定寄生。卵期：第1代22天，第2～4代10～15天。非越冬若虫期20～36天。蛹期7～34天。成虫寿命6～7天。其天敌有瓢虫、草蛉、寄生蜂、寄生菌等。

防治方法 柑橘粉虱。

黑粉虱

学名 *Aleurolobus marlatti* Quaintance，属同翅目、粉虱科。别名：橘黑粉虱、柑橘圆粉虱、柑橘无刺粉虱、马氏粉虱。分布于江苏、浙江、江西、河南、陕西、四川、广东、广西、福建、云南、台湾。

寄主 茶、油茶、柑橘、无花果、山楂、梨、桃、葡萄、柿、栗等。

为害特点 同黑刺粉虱。

形态特征 成虫：体长1.2～1.3mm，橙黄色，有褐色

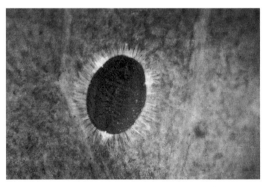

黑粉虱蛹壳

斑纹。复眼红色，上、下分离为2对；单眼2个，生于复眼上缘；触角刚毛状7节，淡黄色。翅白色半透明，布有不规则的褐色斑纹，翅面被有白色蜡粉；前、后翅均各具1条纵脉。第1、第2、第5、第6、第7腹节的后缘有褐色横带；第9节大，背面有凹入称皿状孔，中间安置有第10节的背板（称盖片）及1管状肛下片（称舌状突）、较长，盖片较大。雄虫较小，腹末有2片抱握器和向上弯曲的阳茎。雌虫腹末有3个生殖瓣：1个背生殖突，2个侧生殖突。幼虫：初孵体长0.25mm，椭圆形，淡黄绿色。触角丝状4节；足短壮发达能爬行。静止后固着不动似蚧虫，体变褐色，触角和足均退化，体周围分泌有白色蜡质物，腹部周缘具16对小突起，并生有长、短刚毛。随增长，体周围的白色蜡质物增多。3龄初体长0.6mm左右，老熟时体长与蛹壳长相似。

生活习性 约年生3代，多以2龄若虫于茶叶或落叶果树1～2年生枝上越冬。寄主发芽后继续为害，化蛹、羽化。各代成虫盛发期大体为：越冬代5月中旬前后；第1代7月上旬前后；第2代9月中旬前后。以第3代若虫越冬。成虫习性同黑刺粉虱，卵多散产于叶背，1叶上可产数十粒卵。初孵若虫寻找适宜场所静止固着为害，不再转移。非越冬若虫多爬到叶背上，越冬若虫多爬到当年生枝上；蜕皮壳常留于体背上，日久多脱落，3龄老熟时体壁硬化，不脱掉而成为蛹壳，于内化蛹。其天敌同黑刺粉虱。

防治方法 参见柑橘粉虱。

烟粉虱

学名 *Bemisia tabaci*（Gennadius），属同翅目、粉虱科。异名*B.gossypiperda* Misra et Lamb、*B.longispina* Preisner et Hosny.。分

布在中国、日本、马来西亚、印度、非洲、北美等国。

寄主 柑橘、梨、橄榄、棉花、烟草、番茄、番薯、木薯及十字花科、葫芦科、豆科、茄科、锦葵科等10多科50多种植物。

为害特点 成虫、若虫刺吸植物汁液，受害叶褪绿萎蔫或枯死。近年该虫为害呈上升趋势。有些地区与白粉虱混合发生，混合为害更加猖獗。

形态特征 成虫：体长1mm，白色，翅透明、具白色细小粉状物。蛹：长0.55～0.77mm，宽0.36～0.53mm。背刚毛较少，4对，背蜡孔少。头部边缘圆形，且较深弯。胸部气门褶不明显，背中央具疣突2～5个。侧背腹部具乳头

烟粉虱成虫
（放大）

烟粉虱蛹

状突起8个。侧背区微皱不宽，尾脊变化明显，瓶形孔大小（0.05～0.09）mm×（0.03～0.04）mm，唇舌末端大小（0.02～0.05）mm×（0.02～0.03）mm。盖瓣近圆形。尾沟0.03～0.06mm。

生活习性 亚热带年生10～12个重叠世代，几乎月月出现一次种群高峰，每代15～40天，夏季卵期3天，冬季33天。若虫3龄，9～84天，伪蛹2～8天。成虫产卵期2～18天。每雌产卵120粒左右。卵多产在植株中部嫩叶上。成虫喜欢无风温暖天气，有趋黄性，气温低于12℃停止发育，14.5℃开始产卵，气温21～33℃，随气温升高，产卵量增加，高于40℃成虫死亡。相对湿度低于60%成虫停止产卵或死去。暴风雨能抑制其大发生，非灌溉区或浇水次数少受害重。

防治方法 参见柑橘粉虱。

柑橘木虱

学名 *Diaphorina citri* Kuwayama，属同翅目、木虱科。分布在浙江、江西、福建、台湾、广西、广东、四川、贵州、云南等地。

柑橘木虱成虫（左雄右雌）

寄主 柑橘类、柠檬、黄皮、九里香等。

为害特点 成虫、若虫刺吸芽、幼叶、嫩梢及叶片的汁液，被害嫩梢幼芽干枯萎缩，新叶扭曲畸形。若虫排出物洒落枝叶上，常导致煤污病发生。并传播柑橘黄龙病。

形态特征 成虫：体长2.8～3.2mm，青灰色，具褐色斑纹，被有白粉。头部前方的两个颊锥突出，复眼暗红色，单眼橘红色，触角丝状10节，末端有两条不等长的硬毛。前翅半透明，散布褐色斑纹，翅缘色较深，近外缘边上有5个透明斑，后翅无色透明。若虫：扁椭圆形，背面稍隆起，体黄色，共5龄。3龄起各龄后期体色黄褐相间，2龄开始显露翅芽，各龄腹部周缘分泌有短蜡丝。末龄体长1.59mm，中后胸背面两侧具黄褐色斑纹，从头部至腹部第4节背中线为黄白或黄绿色。

生活习性 浙江南部年生6～7代，台湾、福建、广东、四川8～14代，世代重叠，全年可见各虫态。以成虫群集叶背越冬。翌年3～4月气温达18℃以上时开始活动为害并在新梢嫩芽上产卵繁殖。在福州，春梢、夏梢、秋梢抽生期是主要发生为害期，以秋梢期为害最重，秋芽常枯死。日平均温度22～28℃时，完成一个世代经23～24天，19.6℃时为53天。成虫产卵于嫩芽缝隙中，1个芽上卵数多达200粒。单雌平均卵量630～1230粒。卵期3～14天，卵只能在放梢初期芽缝于高温环境下孵化。初孵若虫聚集于幼芽、嫩梢上为害。若虫期12～34天。成虫喜在通风透光处活动，树冠稀疏、弱树发生较重。成虫寿命：越冬代半年以上，其余世代30～50天。

防治方法 ①橘园种植防护林，增加荫蔽度，可减少发生。②加强栽培管理，使新梢抽发整齐，并摘除零星枝梢，以减少木虱产卵繁殖场所。砍除失去结果能力的衰弱树，减少虫源。③药剂防治。嫩梢抽发期发生木虱时，喷药保护新梢。可喷洒10%吡虫啉可湿性粉剂2000倍液或10%啶虫脒微乳剂

3000 ～ 4000倍液、14%阿维·丁硫乳油1200 ～ 1500倍液、5%吡·高氯乳油1500 ～ 2000倍液、5%氟虫脲可分散液剂500倍液、4%阿维·啶虫乳油3500倍液、2.5%鱼藤酮乳油500倍液。

眼纹疏广蜡蝉

学名 *Euricania ocellus*（Walker），属同翅目、广翅蜡蝉科。别名：桑广翅蜡蝉、眼纹广翅蜡蝉。异名*Pochazia ocellus* Walker、*Ricania ocellus* Stal.。

寄主 洋槐、柑橘、茶、桑、油茶、油桐、蓖麻、通草、南瓜、苎麻、葡萄、梨等。

为害特点 成虫、若虫均群集于叶柄、嫩芽、嫩茎上刺吸汁液，使为害部位呈淡黄绿小点，后叶黄，株上部变黄，有的茎髓腐烂。

形态特征 成虫：体长7mm，翅展20mm左右，头、前胸、中胸栗褐色；前胸背板极短，有中脊线；中胸背板很长，有5条脊线。前翅无色透明，翅脉除中央基部脉纹无色外，其余均褐色，前缘、外缘、内缘均有栗褐色宽带，前缘带更宽，在中部和近端部两处中断，各夹有一黄褐色三角形斑；中横带

眼纹疏广蜡蝉

栗褐色，较宽，其中段围成一圆环，外横带淡褐色，略呈波形，近翅基部有一栗褐色小斑。后翅无色透明，翅脉褐色，近后缘有模糊的褐色纵条。后足胫节外侧有2个刺。若虫：乳白色，腹末有白色蜡丝3束，散开如孔雀开屏。

生活习性 1年1代，以卵在枝梢内越冬。次年5月孵化，5月～8月中旬为害。若虫期长达40～50天，成虫善跳，寿命1个月左右，产卵期为7月下旬～8月中旬，卵期长达9个多月，卵多产在当年生嫩梢上。

防治方法 ①用草刷、废布条扫打灭杀群集成虫、若虫，结合整枝，剪烧产卵枝。②用80%敌敌畏乳油1000～1500倍液喷雾。

绿鳞象甲

学名 *Hypomeces squamosus* Herbst，属鞘翅目、象甲科。别名：蓝绿象、绿绒象虫、棉叶象鼻虫、大绿象虫等。分布于河南、江苏、安徽、浙江、江西、湖北、湖南、广东、广西、福建、台湾、四川、云南、贵州。

寄主 茶、油茶、柑橘、棉花、甘蔗、桑树、大豆、花

绿鳞象甲成虫

生、玉米、烟草、麻等。

为害特点 成虫食叶成缺刻或孔洞。

形态特征 成虫：体长15～18mm，体黑色，表面密被闪光的粉绿色鳞毛，少数灰色至灰黄色，表面常附有橙黄色粉末而呈黄绿色，有些个体密被灰色或褐色鳞片。头管背面扁平，具纵沟5条。触角短粗。复眼明显突出。前胸宽大于长，背面具宽而深的中沟及不规则刻痕。鞘翅上各具10行刻点。雌虫胸部盾板绒毛少，较光滑，鞘翅肩角宽于胸部背板后缘，腹部较大；雄虫胸部盾板绒毛多，鞘翅肩角与胸部盾板后缘等宽，腹部较小。末龄幼虫：体长15～17mm，体肥大，多皱褶，无足，乳白色至黄白色。

生活习性 长江流域年生1代，华南2代，以成虫或老熟幼虫越冬。4～6月成虫盛发。广东终年可见成虫为害。浙江、安徽多以幼虫越冬，6月成虫盛发，8月成虫开始入土产卵。云南西双版纳6月进入羽化盛期。福州越冬成虫于4月中旬出土，6月中、下旬进入盛发期，8月中旬成虫明显减少，4月下旬～10月中旬产卵，5月上旬～10月中旬幼虫孵化，9月中旬～10月中旬化蛹，9月下旬羽化的成虫仅个别出土活动，10月羽化的成虫在土室内蛰伏越冬。成虫白天活动，飞翔力弱，善爬行，有群集性和假死性，出土后爬至枝梢为害嫩叶，能交配多次。卵多单粒散产在叶片上，产卵期80多天，每雌产卵80多粒。幼虫孵化后钻入土中10～13cm深处取食杂草或树根。幼虫期80多天，9月孵化的长达200天。幼虫老熟后在6～10cm土中化蛹，蛹期17天。靠近山边、杂草多、荒地边的果园受害重。

防治方法 ①在成虫出土高峰期人工捕杀。成虫盛发期振动橘树，下面用塑料膜承接后集中烧毁。②用胶黏杀。用桐油加火熬制成胶糊状，涂在树干基部，宽约10cm，象甲上树时即被黏住。涂一次有效期2个月。③必要时喷洒24%氰氟虫腙悬浮剂1000倍液、棉油皂50倍液。喷药时树冠下地面也要喷湿，杀死坠地的假死象虫。④注意清除果园内和果园周围杂草，在幼虫期和蛹期进行中耕，可杀死部分幼虫和蛹。

柑橘灰象甲

学名 *Sympiezomias citri*（Chao），属鞘翅目、象甲科、棒足灰象属。别名：柑橘大象甲、柑橘灰鳞象鼻虫。分布于浙江、贵州、四川、福建、江西、湖南、广东、陕西、安徽。

寄主 以甜橙、柑橘和柚类为主，也为害桃、枣、猕猴桃、茶、桑、枇杷、龙眼、荔枝等。

为害特点 成虫为害柑橘新梢嫩叶，咬成缺口和缺孔，有时在叶柄上留下网状残绿或叶脉。幼果受害，果皮被啃食成凹凸不平的缺刻，后渐愈合成为"伤疤"，与低龄卷叶蛾幼虫为害相似，只是伤部面积较小。日咬伤幼果10多个。

形态特征 成虫：体长约10.5mm，灰色。头管较粗，背面黑色。前胸背面密布不规则瘤状突，中央生黑色宽纵纹。每

柑橘灰象甲成虫

鞘翅上有10条由刻点组成的纵沟纹，鞘翅基部灰白色，中部横列灰白色斑纹。卵：长筒形，乳白色。末龄幼虫：体长11～13mm，乳白色至浅黄色，头黄褐色，无足。蛹：浅黄色，头管弯向胸前，腹末具刺1对，黑褐色。

生活习性 江西、福建、贵州年生1代，少数2年1代，以成虫和幼虫在土中越冬。翌春3月底4月初成虫陆续出土，爬上枝梢为害嫩叶，常群集为害，有假死性，5月后转害幼果，取食果皮，5月上旬前后产卵，卵块产在叠置的两叶片之间近叶缘处，并分泌黏液使两叶片黏合，每卵块有卵40～50粒，雌成虫一生能产31～75个卵块，幼虫孵化后落地入土，在10～15cm土中取食根部和腐殖质。幼虫期最长，故成虫出土时间也很不一致。蛹栖深度10～15cm，预蛹期约8天，蛹期约20天。成虫羽化后，在蛹室中越冬并息留数月。

防治方法 ①成虫上树前，于树干上涂胶，并注意把黏在胶上的成虫捡拾，利用成虫假死性，振落捕杀。②冬季耕翻园土可杀死部分越冬象虫。提倡用塑料薄膜包扎树干基部成喇叭状，阻止其上树。也可在树苑四周开沟灌药，杀死过沟成虫。③喷洒24%氰氟虫腙悬浮剂1000倍液、90%敌百虫可溶性粉剂或80%敌敌畏乳油900倍液，隔15天1次，连防2～3次。

柑橘潜叶蛾

学名 *Phyllocnistis citrella* Stainton，属鳞翅目、潜叶蛾科。别名：橘潜蛾。分布于河南、江苏、安徽、浙江、江西、福建、台湾、湖北、湖南、广西、广东、陕西、四川、贵州、云南、甘肃、海南。

寄主 柑橘类。

柑橘潜叶蛾成虫
（放大）

为害特点 幼虫潜入嫩叶、嫩梢表皮下蛀食，形成弯曲隧道，被害叶卷缩易落，新梢生长停滞。伤口易染溃疡病，苗木和幼树受害较重。

形态特征 成虫：银白色，体长2mm，翅展4mm，触角丝状，前翅披针形，翅基部具2条黑褐色纵纹，翅近中部有黑褐色"Y"形斜纹，前缘中部至外缘有橘黄色缘毛，顶角有黑圆斑1个。后翅针叶状缘毛长。卵：椭圆形、白色、透明。幼虫：扁平，无足，黄绿色，头三角形，3龄体长3～4mm，腹末端具细长尾状物1对。蛹：纺锤形，黄褐色，长2.5mm。茧：黄褐色。

生活习性 浙江年生9～10代，福建11～14代，广东、广西15代，世代重叠，多以幼虫和蛹越冬。均温26～29℃时，13～15天完成1代，幼虫期5～6天，蛹期5～8天，成虫寿命5～10天，卵期2天。16.6℃时42天完成1代。成虫昼伏夜出，飞行敏捷，趋光性弱，卵多散产在嫩叶背面主脉附近，每雌产卵20～80粒，多达100粒。初孵幼虫由卵底潜入皮下为害，蛀道总长50～100mm，蛀道中央有黑色虫粪。幼虫共4龄，3龄为暴食阶段，4龄不取食，口器变为吐丝器，于叶缘吐丝结茧，致叶缘卷起于内化蛹。其天敌有多种小蜂，优势种为橘潜蛾姬小蜂。

①结合栽培管理及时抹芽控梢，摘除过早、过晚的新梢，通过水、肥管理使夏梢、秋梢抽发整齐健壮，是抑制虫源防治此虫的根本措施。②保护释放天敌。③药剂防治。于潜叶蛾发生始盛期或新梢3mm长时，喷洒20%氯虫苯甲酰胺悬浮剂3000倍液或3%啶虫脒乳油1000倍液、10%高渗烟碱水剂或24%氰氟虫腙悬浮剂1000倍液。

短凹大叶蝉

学名 *Bothrogonia*（O.）*exigua* Yang et Li，属同翅目、叶蝉科。别名：蜡粉大叶蝉。分布于贵州、广西、云南、湖南、四川。

寄主 柑橘、甘蔗、杂木。

为害特点 吸食叶肉组织的汁液，在叶面留下黄白色褪绿小斑点。虫量大时，柑橘植株发黄，生长弱。

形态特征 成虫：体长13～14mm，在叶蝉科中是体形较大的种类之一。体黄棕色间杂灰白色。头部头冠前缘圆，前侧缘与复眼外缘几乎成直线，头冠中央无脊无洼，两复眼赤棕褐色，其间有1较大的黑圆斑，头冠前缘正中有1长方形黑

短凹大叶蝉

色斑，且延伸至颜面；颜面后唇基与前唇基交接处有1黑色横斑；单眼黑褐色，位于头冠中域；触角基节和柄节黑褐色，端部红褐色。前胸背板比小盾片长，前缘弧圆，后缘近乎平直，板面有3个圆形黑斑，呈正三角形排列。小盾片横刻痕位于中央稍后处，板面具白色蜡粉，中域有1黑色圆斑。前翅长度超过腹末端，前缘被蜡粉，翅脉完全，具5个端室，端片狭而长，翅基部有1黑色斑。腹面观胸部腹板黑色；足腿节端部和胫节两端黑色；腹部腹面黑色，各节后缘有黄白色窄边。雌虫第7节腹板短而宽凹，两侧叶短切，第8节背板外露在前腹板之后。雄虫腹末端黑色，生殖荚突外露部分弯凸，凸折后粗大，其背具齿列，端部细且弯。

生活习性 年发生世代不详。成虫产卵于禾本科植物寄主的叶鞘中，主害杂灌木。此虫不在橘园繁殖，仅以成虫取食为害当年生成熟叶片。6～9月发生量相对较多，总体危害较轻。

防治方法 可用5%啶虫脒乳油2000～3000倍液或9%高氯氟氰·噻乳油1500倍液。

茶蓑蛾

学名 *Clania minuscula*（Butler），属鳞翅目、蓑蛾科。异　名：*Cryptothelea minuscula*（Butler）、*Eumeta minuscula* Butler别名：小窠蓑蛾、小蓑蛾、小袋蛾、茶袋蛾、避债蛾、茶背袋虫。分布在陕西、山西、北京、河北、河南、山东、安徽、江苏、上海、浙江、江西、福建、台湾、广东、广西、湖南、湖北、贵州、四川、云南等地。

寄主 梨、苹果、桃、李、杏、樱桃、梅、柑橘、石榴、柿、银杏、荔枝、番石榴、枣、葡萄、栗、枇杷、花椒、茶、

茶蓑蛾蓑囊（放大）

山茶等31种100多种植物。

为害特点 幼虫在护囊中咬食叶片、嫩梢或剥食枝干、果实皮层，造成局部光秃。该虫喜集中为害。

形态特征 成虫：雌蛾体长12～16mm，足退化，无翅，蛆状，体乳白色。头小，褐色。腹部肥大，体壁薄，能看见腹内卵粒。后胸、第4～7腹节具浅黄色绒毛。雄蛾体长11～15mm，翅展22～30mm，体翅暗褐色。触角呈双栉状。胸部、腹部具鳞毛。前翅翅脉两侧色略深，外缘中前方具近正方形透明斑2个。卵：长0.8mm左右，宽0.6mm，椭圆形，浅黄色。幼虫：体长16～28mm，体肥大，头黄褐色，两侧有暗褐色斑纹。胸部背板灰黄白色，背侧具褐色纵纹2条，胸节背面两侧各具浅褐色斑1个。腹部棕黄色，各节背面均具黑色小突起4个，成"八"字形。蛹：雌蛹纺锤形，长14～18mm，深褐色，无翅芽和触角；雄蛹深褐色，长13mm。护囊：纺锤形，深褐色，丝质，外缀叶屑或碎皮，稍大后形成纵向排列的小枝梗，长短不一。护囊中的雌老熟幼虫长30mm左右，雄虫25mm。

生活习性 贵州年生1代，安徽、浙江、江苏、湖南等地年生1～2代，江西2代，台湾2～3代。多以3～4龄幼虫，个别以老熟幼虫在枝叶上的护囊内越冬。安徽、浙江一带

2～3月间，气温10℃左右，越冬幼虫开始活动和取食。由于此间虫龄高，食量大，成为灌木早春的主要害虫之一。5月中、下旬后幼虫陆续化蛹，6月上旬～7月中旬成虫羽化并产卵，当年第1代幼虫于6～8月发生，7～8月为害最重。第2代的越冬幼虫在9月间出现，冬前为害较轻，雌蛾寿命12～15天，雄蛾2～5天，卵期12～17天，幼虫期50～60天，越冬代幼虫240多天，雌蛹期10～22天，雄蛹期8～14天。成虫喜在下午羽化，雄蛾喜在傍晚或清晨活动，靠性引诱物质寻找雌蛾，雌蛾羽化翌日即可交配，交尾后1～2天产卵，每雌平均产676粒，个别高达3000粒，雌虫产卵后干缩死亡。幼虫多在孵化后1～2天下午先取食卵壳，后爬上枝叶或飘至附近枝叶上，吐丝黏缀碎叶营造护囊并开始取食。幼虫老熟后在护囊里倒转虫体化蛹在其中。其天敌有蓑蛾疣姬蜂、松毛虫疣姬蜂、桑蟥疣姬蜂、大腿蜂、小蜂等。

防治方法 ①发现虫囊及时摘除，集中烧毁。②注意保护寄生蜂等天敌昆虫。③掌握在幼虫低龄盛期喷洒90%敌百虫可溶性粉剂800～1000倍液或80%敌敌畏乳油1200倍液、20%氰·辛乳油1200倍液或14%阿维·丁硫乳油1300倍液、2.5%溴氰菊酯乳油2000倍液。④提倡喷洒每克含100亿活孢子的苏云金杆菌悬浮剂800～1000倍液进行生物防治。

油桐尺蠖

学名 *Buzura suppressaria*（Guenée），属鳞翅目、尺蛾蛾科。别名：大尺蠖、量尺虫、油桐尺蛾、柴棍虫、卡步虫等。分布于河南、安徽、江苏、浙江、江西、湖北、湖南、四川、贵州、广东、广西、福建、云南等地。

油桐尺蠖成虫

油桐尺蠖幼虫（放大）

寄主 油桐、茶、柑橘、梨、荔枝、龙眼、杨梅、刺槐、漆树、乌桕、麻栎、板栗、杉、花椒等。

为害特点 幼虫食叶成缺刻或孔洞，严重的把叶片吃光，致上部枝梢枯死，严重影响产量和质量。

形态特征 成虫：雌成虫体长24～25mm，翅展67～76mm。触角丝状。体翅灰白色，密布灰黑色小点。翅基线、中横线和亚外缘线系不规则的黄褐色波状横纹，翅外缘波浪状，具黄褐色缘毛。足黄白色。腹部末端具黄色绒毛。雄蛾体长19～23mm，翅展50～61mm。触角羽毛状，黄褐色，翅基线、亚外缘线灰黑色，腹末尖细。其他特征同雌蛾。卵：长0.7～0.8mm，椭圆形，蓝绿色，孵化前变黑色。常数百至千余粒聚集成堆，上覆黄色绒毛。幼虫：末龄幼虫体长56～65mm。初孵幼虫长2mm，灰褐色，背线、气门线白色。体色随环境变化，有深褐色、灰绿色、青绿色。头密布棕色颗粒状小点，头顶中央凹陷，两侧具角状突起。前胸背面生突起2个，腹面灰绿色，别于云尺蠖。腹部第8节背面微突，胸腹部各节均具颗粒状小点，气门紫红色。蛹：长19～27mm，圆锥形。头顶有一对黑褐色小突起，翅芽达第4腹节后缘。臀棘明显，基部膨大，凹凸不平，端部针状。

生活习性 河南年生2代，安徽、湖南年生2～3代，广东3～4代。以蛹在土中越冬，翌年4月成虫羽化产卵。第1代成虫发生期与早春气温关系很大，温度高始蛾期早。湖南长沙1代成虫寿命6.5天，2代5天；卵期1代15.4天，2代9天；幼虫期1代33.6天，2代35.1天；蛹期1代36天，越冬蛹期195天。广东英德成虫寿命3～6天，卵期8～17天，幼虫期23～54天，非越冬蛹14天左右。成虫多在晚上羽化，白天栖息在高大树木的主干上或建筑物的墙壁上，受惊后落地假死不动或做短距离飞行，有趋光性。成虫羽化后当夜即交尾，翌日晚上开始产卵，卵多产在高大树木主干的缝隙中或茶丛枝叶间。每雌产卵2000余粒。卵孵化率98%以上。幼虫孵化后向树木上部爬行，后吐丝下垂，借风飘荡分散。幼虫共6～7龄。喜在傍晚或清晨取食，低龄幼虫仅取食嫩叶和成叶的上表皮或叶肉，使叶片呈红褐色焦斑，3龄后从叶尖或叶缘向内咬食成缺刻，4龄后食量大增，每头老熟幼虫每天食量达60～70cm^{2}的叶面积。3龄后幼虫畏强光，中午阳光强时常躲在茶丛枝叶间。老熟后入土3～5cm在距根基30cm半径内筑土室化蛹。其天敌有黑卵蜂、寄生蝇等。

防治方法 ①深翻灭蛹。②人工防治。a.在发生严重的果园于各代蛹期进行人工挖蛹。b.根据成虫多栖息于高大树木或建筑物上及受惊后有落地假死习性，在各代成虫期于清晨进行人工扑打，也是防治该尺蠖的重要措施。c.卵多集中产在高大树木的树皮缝隙间，可在成虫盛发期后，人工刮除卵块。③在孵化盛末期对橘园附近高大树木及树丛喷洒25%灭幼脲1500倍液或25%阿维·灭幼悬浮剂2000倍液或20%丁硫·马乳油1500倍液。④于成虫发生盛期每晚点灯诱杀成虫。⑤提倡施用油桐尺蠖核型多角体病毒，每平方千米用多角体2500亿，对水140L，于第1代幼虫1～2龄高峰期喷雾（相当于1.4×10^8多角体/ml），当代幼虫死亡率80%，持效3年以上。

海南油桐尺蠖

学名 *Buzura suppressaria benescripta* Prout，属鳞翅目、尺蛾科。别名：大尺蠖。分布在河南、福建、安徽、江西、湖南、四川、浙江、广东、广西、海南。

寄主 柑橘、油桐、茶树、桃、枣。

为害特点 是柑橘类爆发性大害虫。大发生时常把柑橘树整片食光，轻者把叶片吃成缺刻，严重时把老叶吃光。

形态特征 雌成虫：体长22～25mm，翅展60～65mm，雄蛾略小。雌成虫触角丝状，雄成虫羽毛状，前后翅灰白色，

海南油桐尺蠖成虫

均杂有黑色小斑点，上生3条黄色波状纹。堆成卵块。幼虫：共6龄，末龄幼虫体长60～75mm，初孵时灰褐色，2龄后变成绿色，4龄后有深褐色、灰褐色及青绿色等，多随环境改变，头部密生棕色小点，顶部两侧有角突。

生活习性　广西北部、福建年生3代，以蛹在土中越冬，3月底～4月初羽化。4月中旬～5月下旬发生第1代幼虫，7月下旬～8月中旬发生第2代幼虫，9月下旬～11月中旬发生第3代幼虫，以第2、第3代为害最烈。成虫昼伏夜出，飞翔力强，有趋光性，喜把卵产在叶背，每雌产卵800～1000粒，块产。初孵幼虫喜在叶尖顶部直立，幼虫吐丝随风飘散传播。幼虫老熟后在夜晚下树爬至地面寻找化蛹场所，多在主干60cm范围内浅土层化蛹。

防治方法　①广东每年11月～翌年2月、5月中下旬、7月中旬及8月下旬、9月上旬组织人力挖蛹。②果园及附近安装黑光灯诱杀成虫。③在老熟幼虫未入土化蛹前，用塑料薄膜铺设在主干四周并铺湿度适中的松土6～10cm厚，诱集幼虫化蛹灭之。④抓准第1、第2代1～2龄幼虫发生期喷洒2.5%溴氰菊酯乳油或20%氰戊菊酯乳油2000～2500倍液。

四星尺蛾

学名　*Ophthalmodes irrorataria*（Bremer et Grey），属鳞翅目、尺蛾科。分布于东北、华北、四川、浙江、台湾。

寄主　苹果、梨、枣、柑橘、海棠、鼠李、蓖麻等多种植物。

为害特点　幼虫食叶成缺刻或孔洞。

形态特征　成虫：体长18mm，体绿褐色或青灰白色。前、后翅具多条黑褐色锯齿状横线，翅中部具一肾形黑纹，前

四星尺蛾幼虫

后翅上各具一个星状斑，与核桃星尺蛾极相近，但体较小，四个星斑也小。后翅内侧有一条污点带，翅反面布满污点，外缘黑带不间断。卵：长椭圆形，青绿色。末龄幼虫：体长65mm左右，体浅黄绿色，具黑色细纵条纹，腹背第2、第8节上具瘤状突起各1对。

生活习性 发生代数不详，9月中旬化蛹。

防治方法 参见油桐尺蠖。

大绿蝽（角肩蝽）

学名 *Rhynchocoris humeralis*（Thunberg）属半翅目、蝽科。别名：长吻蝽、棱蝽、青椿象、角尖椿象。分布于浙江、江苏、福建、江西、湖北、湖南、四川、广东、广西、贵州、云南。

寄主 柑橘类、龙眼、荔枝、苹果、梨、栗、沙果、红花。

为害特点 成虫、若虫吸食叶片、嫩梢和果实的汁液，轻者影响果实发育，造成果小、僵硬、味淡、水分和糖分降低，严重时落果、枯梢。在橘园蝽类中，以此蝽为害严重。广西隆安县浪湾华侨农场，20世纪80年代由于大绿蝽成灾，一般落果率5%，病情重的橘园高达12% ～ 15%。

大绿蝽（角肩蝽）成虫
（放大）

形态特征 成虫：体长18～24mm，宽11～16mm。体形随生态环境不同而有差异。活虫与死虫体色也有区别，活虫青绿色，贮存一定时间的标本呈淡黄色、黄褐色或棕黄色，有时稍现红色。头凸出，口器粗大，喙末端为黑色，向后可伸达腹末；中叶与侧叶约等长，两叶间具黑色缝，上唇由中叶前端伸出；触角黑色，5节；复眼黑色，呈半球形突出。前胸背板前缘附近黄绿色，两侧呈角状突出，并向上翘而角尖后指，侧角刻点粗而黑，背板其他部位刻点细密，后缘中部少数刻点为黑色，其余均同体色。小盾片舌形，绿色，有细刻点。足茶褐色，各足间有强隆脊，其后端成叉状；各足胫节末端及跗节黑色，跗节3节，有1对爪。腹部腹面中央有1明显的纵隆脊，气门旁有一小黑点；各腹节后侧角狭尖，黑色。雄虫腹末生殖节中央不分裂，雌虫分裂，以此区别两性个体。若虫：共5龄。末龄若虫体长15～17mm，全体青绿或黄绿色。头部中央有一纵黑纹，复眼内侧各有1小黑斑。前胸背板侧角向后延伸，角尖指后，侧缘具细齿，有黑狭边，近侧缘处有1条由前角走向侧角的黑斜纹，斜纹前半段由黑点群集列成。中胸有4个小黑斑，翅芽伸达第3腹节，末端黑色，翅面散生小黑斑，外侧缘基半段为黑色。腹部背中区各黑斑裂为两块，侧缘具黑色边，每一节缝两侧各生一黑斑。

生活习性 年生1代，以成虫在柑橘枝叶丛中或附近避风荫蔽场所越冬。贵州罗甸越冬成虫5月上旬始见，5月中旬交尾产卵，5月下旬开始孵化。10月中旬仍可见到成虫、若虫。10月下旬后，成虫渐移至越冬场所进入越冬。卵期5～9天，若虫期30～40天，成虫寿命300天以上。福建省闽侯地区越冬成虫5月上旬在橘树上出现，此后各虫态重叠，8～9月发生量最多，造成严重落果。成虫活动敏捷，受惊即飞走。交尾时间多在15～16时，10～11时也有交尾者。如无惊动，交尾时间长达1～2h，或更长，在交尾过程中成虫还可吸食。交尾后3天产卵，卵块12～13粒，排列整齐，一般产于叶面，少数产在果上。雌虫产卵期长，孵化率高达90%以上。初孵幼虫团聚叶面吸食，2～3龄始分散为害。

防治方法 喷洒5.7%氟氯氰菊酯乳油2000倍液，对成虫、若虫防效很好。若虫期还可喷洒5%啶虫脒乳油2500倍液、24%氰氟虫腙悬浮剂1000倍液。

九香虫

学名 *Coridius chinensis* Dallas，属半翅目、蝽科。别名：黑兜虫、臭黑婆、黑打屁虫。分布在江苏、河南、广东、广西、福建、贵州、江西、台湾、四川。

寄主 柑橘、苹果、梨、桑、瓜类、花生、豆类、烟草、茄子、水稻、玉米、紫藤、刺槐等。

为害特点 以成虫、若虫散害于叶面，或聚集于小枝上吸食，影响树势生长。有时也为害果实，幼果早期被害成为僵果，后期被害影响品质。在医学上，常用此虫医治外伤、肝病、肾病、胃气痛等症，均有一定疗效。

九香虫成虫（放大）

形态特征 成虫：体长16～20mm，宽9～11mm，紫黑或黑褐色，稍有铜色光泽，密布刻点。头边缘稍上翘，侧叶长于中叶，并在中叶前方融合。复眼棕褐色，单眼红色。触角5节，基部4节黑，端节橘黄或黄色，第2节长于第3节。喙深褐色。前胸背板及小盾片上有近于平行的不规则横皱。背板前侧缘斜直，具狭边。小盾片末端钝圆，膜质部黄褐色。侧接缘及腹部腹面侧缘区各节黄黑相间，但黄色部常狭于黑色部，足紫黑色或黑褐色。雌虫后足胫节扩大，内侧有一个椭圆形凹陷的灰黄色斑。翅革质部刻点细密，深紫色，稍具光泽。腹部腹面显著隆起，侧区铜褐色，中央深红色。卵：腰鼓形，横卧，长1.2～1.3mm，宽0.9～1.1mm。初产时白色转天蓝色，后变暗黄绿色。卵壳表面被白绒毛，近中部1/3处假卵盖周缘具粒状精孔突36～42枝。若虫：共5龄。末龄若虫长11～14.4mm，宽7～8mm，头、胸部背板和侧板、腹部背板均具铜黑色斑块，具金属光泽。腹背面及腹面两侧黑褐色，腹面中央黄白色。头中叶短于侧叶，在中叶前相接，末端有1小缺口，侧缘上卷。触角第1～4节黑色，第5节黄色，第2、第3节较扁。喙末端黑色，头及胸背横皱明显。胸部侧缘具白边，中线淡黄。小盾片两侧角处具数条光滑的黑色条痕。翅芽伸达第3腹节基部。

生活习性 贵州、江西年发生1代，以成虫在植株基部的落叶下或杂草根际上表群集越冬，也有不少迁至石头缝或废弃的鼠洞中团聚过冬。翌年5月上始见成虫，5月中旬盛出，并进行交尾，5月下旬～7月上旬产卵，卵孵化期6月下旬～7月下旬。若虫羽化期在8月上旬～9月中旬，少数可延至10月中旬。成虫10月上、中旬渐转入越冬场所。卵期18～20天。若虫期98～125天，平均112天。成虫寿命长达11个月，自然界中雌雄个体基本平衡。九香虫在橘园一般为个体散害状，卵多产在当年生枝条上，少数产在老枝或幼树近地面的茎上，成行排列绕于枝干成为卵块。若虫及成虫偶见数十乃至数百头聚挤，吸食茎的汁液，受惊即分散。成虫有一定的飞翔能力，交尾多在白天。

防治方法 参见大绿蝽。

柑橘云蝽

学名 *Agonoscelis nubilis*（Fabricius），属半翅目、蝽科。别名：云斑毛蝽、云斑蝽、橘云蝽。分布在浙江、福建、江西、广西、广东、贵州、海南、台湾。日本也有分布。

柑橘云蝽成虫（放大）

寄主 柑橘类、甜橙类、芒果、油橄榄、茶、玉米、豆类、麦、茴香。

为害特点 以成虫和若虫为害嫩叶、嫩茎及果实。嫩茎和叶片被害后，呈现黄褐色斑点，严重时叶片提早脱落，致枯死。果实被害后常呈畸形，被害处硬化。大发生时枝上布满该虫，数以千计，果质及产量受到很大影响。

形态特征 成虫：体长9.5～11.5mm，宽4.5～4.8mm。长椭圆形，淡黄褐色，具黑色云斑，故此得名。体密被细毛，布粗而黑的刻点，自头前端至小盾片末端有一条纵贯通达的淡黄色宽中线。头三角形，中叶与侧叶等长，侧缘黑色。触角黑色，基节黄褐色。喙长，黄褐色，端部黑色，可伸达第3腹节。前胸背板侧角圆滑，不突出。小盾片三角形，端区浅黄褐色，基部两侧角各有一个浅黄褐色的椭圆斑。前翅膜片淡黄褐色，脉粗黑，端部超过腹末节。足腿节末端及近端处各具一环状黑斑，胫节腹面及两端黑色。侧接缘各节交界处黑色，其余红黄色。体腹面黄褐色，侧方有1～2列黑斑。腹下中央具一条纵沟。

生活习性 海南全年无休眠期，随时可采到成虫。广东等地年发生3～4代，贵州罗甸等地年发生2代，6～8月虫量较大。习性和生活史与麻皮蝽十分相似，橘园发生时间也大体一致。此虫的团聚性比其他蝽类更为突出，有时成百近千头成虫似蜜蜂分房成团地累集在柑橘枝干上，甚为壮观。

防治方法 ①发现橘园植株干枝上团聚有众多的云蝽成虫，即用塑料袋口接好，将虫用木棍刮入袋中，丢入火中烧毁，减少虫源量。②虫量大时喷洒40%啶虫脒水分散粒剂3000～4000倍液。

绿盲蝽

学名 *Lygus lucorum* Meyer-Dur，又称花叶虫。

寄主 除为害枣、葡萄外，还为害柑橘。

为害特点 主要以成虫和若虫刺吸芽、幼叶、新梢，产生针头大小的褐色斑点或孔洞，造成叶片出现刺伤孔，致叶片皱缩、畸形或碎裂，生长受阻，花蕾受害后干枯。

生活习性 该虫年生4～5代，翌年4月越冬卵孵化成若虫为害柑橘，5月进入为害盛期。

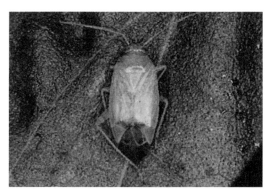

绿盲蝽

防治方法 ①早诊断早预防。②越冬卵孵化期或新梢抽生时，喷洒2.5%高效氯氟氰菊酯微乳剂或水乳剂2000倍液或25%吡蚜酮可湿性粉剂2500倍液、40%啶虫脒水分散粒剂3000～4000倍液。

小绿叶蝉

学名 *Empoasca flavescens*（Fabricius），俗称浮尘子。

寄主 除为害桃、苹果、梨、山楂、葡萄外，还为害柑橘、杨梅等。

小绿叶蝉

为害特点 以成虫、若虫的针状口器刺吸果树幼芽、新叶、嫩茎的汁液，造成受害部变黄、萎蔫、枯焦或畸形，或出现污白色小点，生长停滞，株小不长。

生活习性 该虫在北方年发生3～4代，贵州6～7代，四川9～11代，福建、广东12～13代。以成虫在枯草落叶、树皮缝处越冬，成虫、若虫在叶背栖息危害。

防治方法 成虫、若虫发生初期喷洒5%啶虫脒乳油2500倍液或4%阿维·啶虫乳油3500倍液。

茶黄硬蓟马

学名 *Scirtothrips dorsallis* Hood，属缨翅目、蓟马科。分布在广东雷州半岛、海南西部柑橘产区及广西、云南、浙江、福建、台湾。

寄主 柑橘、芒果、茶树、花生、草莓、荔枝、龙眼等。

为害特点 茶黄蓟马为害嫩梢花穗时，引起叶片畸形，造成落花落果，为害生长中后期的果实，造成果实形成粗皮。春梢期成虫、若虫在嫩叶背面刺吸汁液，致嫩叶边缘卷曲呈波纹状，不能正常展开，叶肉出现褪绿小黄点，似花叶状，叶片发脆黄化，新梢顶芽受害，生长点受抑，出现枝叶丛生或萎

茶黄硬蓟马成虫
（放大）（秦元霞摄）

蔫；新梢叶片展开后受害时，叶片变窄，僵硬状。花果期受害，成虫、若虫集中危害花穗，造成严重落花、落果。果实生长中后期受害，引起果皮增生，果皮变粗或产生锈皮斑。

形态特征 雌成虫：体长0.9mm，黄色，触角第1节浅黄色，第2节黄色，第3～8节灰褐色；翅灰色，头宽为头长的1.8倍，单眼鲜红色。若虫：体短，无翅。

生活习性 年生5～6代，以若虫和成虫在粗皮下或芽鳞内越冬。广东、海南柑橘产区2～4月中旬进入花穗期至幼果期，茶黄蓟马为害幼果果蒂，果皮产生黑褐色龟裂状干疤，一是影响柑橘果实外观质量，二是造成提早落果。每年春、秋两季干旱时，虫口密度大，受害重。

防治方法 ①加强柑橘梢期管理，及时浇水追肥，促使放梢整齐，柑橘园要加强控制冬梢、春梢。②从花穗期至果实第2次生理落果前或每次新梢抽生3cm至叶片转绿前喷洒5%虱螨脲乳油1000～1500倍液或5%啶虫脒可湿性粉剂1500～2000倍液、2.5%多杀霉素悬浮剂1000倍液。

桑褐刺蛾

学名 *Setora postornata*（Hampson），又称桑刺蛾、毛辣

桑褐刺蛾幼虫（放大）

虫等。

寄主 除为害桃、梅、杏、苹果外，还为害柑橘等。

为害特点 以幼虫食叶片成缺刻，严重时把叶片吃光、仅残留叶柄和主脉。

生活习性 该虫在华北年生1代，浙江2代，长江流域年生2～4代，均以末龄幼虫在树干土下3～7cm结茧越冬，2代区翌年6月上、中旬成虫羽化产卵，第1代幼虫6月中旬出现，第2代幼虫在8月中下旬～9月中下旬为害柑橘。9月下旬或10月初结茧越冬。3代区成虫在5月下旬、7月下旬、9月上旬出现。

防治方法 在低龄幼虫期喷洒20%除虫脲悬浮剂2000倍液或25%阿维·灭幼悬浮剂2500倍液，对桑褐刺蛾特效。

黄刺蛾

学名 *Cnidocampa flavescens*（Walker）。

寄主 除为害樱桃、苹果、梨、石榴、桃、枣外，还为害柑橘、枇杷等。

为害特点 以初孵幼虫取食叶片的下表皮成网状，成长幼虫把叶片食成缺刻，仅残留叶柄和主脉。

黄刺蛾幼虫（放大）

生活习性 该虫在北方年生1代，浙江、河南、江苏、四川年生2代，均以老熟幼虫在树枝上结茧越冬。1代区成虫6月中旬出现，2代区5月下旬～6月上旬羽化为成虫。

防治方法 ①冬季修剪时剪除越冬茧。②低龄幼虫期喷洒25%阿维·灭幼悬浮剂2500倍液。

橘园褐边绿刺蛾（黄缘绿刺蛾）

学名 *Latoia consocia*（Walker），几乎遍布全国。

寄主 除为害梨、苹果、桃、李、杏、樱桃外，还为害柑橘、枣、栗、核桃等。

生活习性 该虫在东北三省、北京和山东年生1代，河南1年2代，长江以南2～3代。1代区越冬代幼虫6月化蛹，7～8月成虫羽化产卵，1周后孵化为幼虫，老熟幼虫8月下旬～9月下旬结茧越冬。2代区以幼虫结茧越冬，翌年4月下旬～5月上中旬化蛹，5月下旬～6月成虫羽化产卵，6月～7月下旬进入第1代幼虫为害高峰期，7月中旬后陆续结茧化蛹；8月初第1代成虫开始羽化产卵，8月中旬～9月第2代幼虫为害，9月中旬后陆续结茧越冬。

褐边绿刺蛾成虫和幼虫（放大）

防治方法 ①结合修剪剪除枝条上的虫茧，冬春翻土挖除土中虫茧杀灭。②摘除有虫叶片烧毁。③幼虫发生期喷洒10%苏云金杆菌可湿性粉剂800倍液或5%除虫菊素乳油1000倍液、25%阿维·灭幼悬浮剂2500倍液。

戟盗毒蛾

学名 *Porthesia kurosawai* Lnoue，属鳞翅目、毒蛾科。分布在华东地区及辽宁、河北、河南、广西、四川、青海等地。

戟盗毒蛾成虫

寄主 柑橘、苹果、桃等。

为害特点 幼虫食叶成缺刻或孔洞。

形态特征 雄成虫翅展17～22mm，雌30～33mm，头橙黄色，胸部灰棕色，腹部灰棕带黄色，体下面和足黄色。前翅赤褐有黑鳞片，前缘和外缘黄色，赤褐色部分向外突出，赤褐色区外缘生银白色斑，近翅顶有1棕色小点。后翅黄色，基半部棕色。

生活习性 北京年生2代，以幼虫越冬。

防治方法 ①黑光灯诱杀成虫。②幼虫期喷洒20%吡虫啉浓可溶剂3000倍液。

樗蚕蛾

学名 *Samia cynthia cynthia*（Drurvy）。

寄主 除为害栗、猕猴桃、石榴外，还为害柑橘、银杏等。

为害特点 以幼虫食害嫩芽和叶片，轻者食叶成缺刻或孔洞，严重时把叶片吃光。

生活习性 该虫分布广，在北方年发生1～2代，南方2～3代，以蛹越冬，在四川橘产区，4月下旬开始羽化为成虫，成虫寿命5～10天，雌雄交配后把卵产在寄主叶背或叶面上，每雌产卵300粒，初孵幼虫群聚为害，3～4龄后分散，在枝叶上由下向上昼夜取食，第1代幼虫5月份为害，幼虫期30天左右，老熟后在树上缀叶结茧化蛹，第2代茧期50天，7月底～9月初是第1代成虫羽化产卵期，9～11月第2代幼虫继续为害，后陆续做茧越冬，第2代越冬茧长达5～6个月，蛹隐蔽在厚茧之中。

樗蚕蛾成虫

防治方法 ①人工捕捉，摘下虫茧。②用黑光灯诱杀。③释放绒茧蜂和喜马拉雅姬蜂、稻苞虫黑瘤姬蜂、樗蚕黑点瘤姬蜂进行生物防治。④幼虫为害初期低龄时，喷洒25%阿维·灭幼悬浮剂2000倍液或2.5%溴氰菊酯乳油2000倍液。

柑橘园绿黄枯叶蛾

学名 *Trabala vishnou* Lefebure，属鳞翅目、枯叶蛾科。别名：栗黄枯叶蛾、栗黄毛虫等。

寄主 柑橘、核桃、猕猴桃、石榴、杨梅等。

为害特点 以幼虫咬食叶片成缺刻，该虫食量大，为害时间长，造成枝叶枯萎或死亡。

形态特征 成虫：雌成虫体长20mm，翅展58～79mm，体黄绿色，头黄褐色，触角双栉齿状，前翅近三角形，内横线、外横线黄褐色，中横线明晰，亚外缘线由8～9个黄褐色斑点排成波浪状。前翅由中室至后缘具1大型黄褐色斑纹。后翅后缘浅黄色至黄白色，中横线、亚外缘线与前翅相接。腹末生绿黄毛。雄蛾略小。末龄幼虫：体长53mm，头壳紫红色上生黄色纹，体被浓密毒毛，胸部第1节两侧各生1束黑色长毛，

柑橘园绿黄枯叶蛾成虫和幼虫

背纵带黄白相间，腹部第1～2节、第7～8节间的背面各生1束白长毛，体侧各节间有蓝色斑点。

生活习性 山西、陕西、河南年生1代，浙江及南方年生2代，华南3～4代，海南5代，以卵在枝叶上越冬，2代区翌年第1代幼虫于4月中旬孵化，4月下旬～5月下旬进入幼虫为害期，6月中旬在枝上结茧化蛹其中，7月上旬成虫羽化后马上交尾，次日夜产卵，成虫飞翔力强，喜夜间活动，有趋光性。第2代幼虫由7月下旬为害至9月下旬结茧化蛹，10月下旬羽化，11月初产卵越冬。卵块排成长条形，其上覆有灰白色长毛。

防治方法 ①人工摘除长形卵块。②冬剪时剪除带虫卵的枝条并集中烧毁，不要与板栗、杨梅、猕猴桃混栽。③在低龄幼虫期喷洒25%阿维·灭幼悬浮剂2000倍液。

碧蛾蜡蝉

学名 *Geisha distinctissima*（Walker）。分布在山东、吉林、辽宁、黑龙江、江苏、江西、浙江、福建、台湾、广东、广西、陕西、四川、云南等地。

寄主 除为害栗、葡萄、柿、龙眼、杨梅、无花果、苹果、梨、杏、桃、李外，还为害柑橘。

碧蛾蜡蝉成虫和幼虫

为害特点 以成虫、若虫群聚在上述寄主植物嫩枝及叶上吸食汁液，对果树生长有相当影响。

生活习性 该虫年生1代，以卵在枝条上越冬，越冬卵于5月上、中旬孵化，若虫期1个月左右，成虫6月羽化，为害30天左右达到性成熟，7～8月间产卵，到9～10月间逐渐死去。

防治方法 参见八点广翅蜡蝉。

褐缘蛾蜡蝉

学名 *Salurnis marginellus*（Guerin），又称褐边蛾蜡蝉，

属同翅目、蜡蝉科。分布在各地橘产区。

形态特征 成虫黄绿色，长约10mm；前翅周缘围有赤褐色狭边，前缘近顶角1/3处有赤褐色短斑。若虫浅黄绿色，胸腹盖白绵状蜡质，腹末有长毛状蜡丝。

褐缘蛾蜡蝉成虫

生活习性 福建年生2代，若虫4月开始出现，成虫第1代6月末出现，第2代10月出现。卵产在嫩茎内，以卵越冬。江西萍乡年生1代，翌年5月上、中旬越冬卵孵化，6月下旬、7月下旬羽化为成虫，7～8月产卵。成虫、若虫喜跳跃，在小枝上活动取食，卵产在枝梢皮层下，产卵处表皮黏附少量绵状蜡丝。

防治方法 ①结合修剪，剪除产卵枝梢并烧毁，消灭越冬卵。②成虫、若虫发生期喷洒9%高氯氟氰·噻乳油1000～2000倍液。

八点广翅蜡蝉

学名 *Ricania speculum* Walker。

寄主 除为害荔枝、龙眼、苹果、栗、樱桃外，也为害柑橘。

八点广翅蜡蝉成虫

八点广翅蜡蝉幼虫

为害特点 以成虫、若虫吸食柑橘芽、叶上的汁液，同时把卵产在当年生枝内，严重影响枝条生长，严重的产卵部位以上枝梢枯死。

生活习性 该虫在江苏、浙江、湖南、湖北、四川、福建、广东、广西等地年生1代，以卵在枝条内越冬，长江流域、浙江等地5月中下旬～6月上中旬卵孵化，7月中旬～8月中旬进入成虫盛发期，8月下旬～10月上旬进入若虫发生盛期，严重为害柑橘。贵州铜仁市越冬卵于4月下旬～6月中下旬孵化，5月下旬～6月下旬进入若虫盛发期。

防治方法 ①适当修剪，防止枝叶过于荫蔽，以利通风透光。冬季结合修剪，剪除产卵枝，集中烧毁。②在雨后或露水未干时，扫落成虫、若虫，随之捕杀，发生量大的橘园若虫发生初期喷洒5%啶虫脒乳油2000倍液或9%高氯氟氰·噻乳油1500倍液。

柑橘潜叶甲

学名 *Podagricomela nigricollis* Chen，属鞘翅目、叶甲科。又名柑橘潜叶虫、红狗虫、潜叶跳甲等。

寄主 柑橘。

为害特点 成虫为害柑橘嫩芽、幼叶，仅留表皮，叶上现白斑。幼虫孵化后钻入叶中潜食蛀道。

形态特征 成虫：椭圆形，背部中央隆起。头、前胸背板、足及触角黑色，鞘翅、腹部橘黄色，肩角黑色。前胸背板生有小刻点，鞘翅上生有11条纵列刻点。末龄幼虫：体长4.7～7mm，深黄色。前胸背板硬化，胸部各节两侧圆钝，从中胸起宽度渐减。

生活习性 华南年生2代，浙江1代，以成虫在土中或树皮下越冬，浙江黄岩橘区3月下旬～4月上中旬产卵，4月上中旬～5月中旬进入幼虫为害期，5月上、中旬化蛹，5月底成虫羽化。卵多产在嫩叶背面或叶缘处，幼虫孵化后迅速钻入叶

柑橘潜叶甲成虫
（夏声广摄）

内，弯曲向前蛀食，幼虫老熟后随叶落地，咬口钻出，在枝干周围入土化蛹。

防治方法 ①幼虫为害期摘除虫叶，烧死幼虫。②1龄幼虫发生期喷洒5%氯虫苯甲酰胺悬浮剂1500倍液或20%氰·辛乳油1200倍液。

柑橘类铜绿丽金龟

学名 *Anomala corpulenta* Motschulsky。

形态特征 成虫体长18～22mm，长椭圆形，铜绿色，头、前胸背板为红铜绿色。鞘翅上生3条纵向隆起的脊纹，肩部突起。雄虫腹末背板生1个三角形黑绿色斑。

为害特点 成虫主要为害叶片，严重时常把叶片吃光。

生活习性 该虫年生1代，以幼虫在土壤内越冬，翌年柑橘类萌芽展叶期，成虫开始出土为害，食害花蕾或叶片，幼虫主要在地下为害幼根。

防治方法 ①利用成虫趋光性安装黑光灯或频振式太阳能杀虫灯诱杀成虫。②每667m²柑橘类果园用80%敌敌畏乳油3kg，化水拌土，均匀撒在树冠下面，翻入土中。③树下喷洒20%氰·辛乳油1200倍液，毒杀成虫。

铜绿丽金龟成虫

比萨茶蜗牛

学名 *Theba pisana* Müller，属软体动物门、柄眼目、大蜗牛科，是目前国际检疫中备受关注的危险性有害生物。随着当今集装箱运输的飞速发展，传入我国的风险很大。

寄主 为害最重的是柑橘类、葡萄等的新梢和嫩叶。

为害特点 引起植株落叶和果实腐烂，对生产造成毁灭性危害。

形态特征 贝壳中等大小，呈扁球形，壳质稍厚，坚实，不透明，有5.5 ～ 6个螺层。壳顶尖，缝合线浅。脐孔狭小，部分或完全被螺轴外折所遮盖。壳口呈圆形或新月形，稍倾斜，口唇锋利而不外折。幼贝体螺层周缘有一锋利的龙骨状突起，但成贝体螺层周缘上仅有一不明显的肩角突起。壳面不光滑，具有无数明显的垂直螺纹，其底色近乎乳白色，其上常有数量不定的、狭窄的黑褐色螺旋形色带，其色带可能全部由小点和条斑组成或无。一般具胚螺层1.5个，壳面为黑色，从棕黄色到黑褐色，壳顶上有一圆点。触角2对，前触角短，后触角长。腹足淡黄色。头部颜色较腹、足深。头部两侧各有2个黑色斑点。壳宽12 ～ 15mm，壳高9 ～ 12mm。

生活习性 欧洲南部6 ～ 10月产卵，每次产60粒左右，

比萨茶蜗牛

多产在乱石堆中，雌雄同体，异体交配，交配后7～14天产卵，为害柑橘类树木，繁殖力特强，生长迅速，喜欢爬到集装箱上随调运远距离传播。

防治方法 ①加强检疫，减少爬到集装箱上传播的概率。必要时进行熏蒸灭蜗处理后才能运输。②用聚乙醛与米糠混合制成毒饵，于傍晚撒在蜗牛活动的地方诱杀。③干热夏季、严寒冬季蜗牛处在休眠状态，及时处理掉蜗牛栖息地的枯枝落叶保持清洁。

（3）枝干害虫

柑橘窄吉丁

学名 *Agrilus auriventris* Saunders，属鞘翅目吉丁虫科。别名：柑橘爆皮虫。分布在浙江、陕西、湖北、湖南、江西、福建、广东、广西、四川、贵州、云南、香港、台湾。

寄主 柑橘。

为害特点 幼虫潜入树皮浅层危害，使树皮出现油滴点，之后出现泡沫或大量流胶，随虫龄增加幼虫向内向上蛀害，抵

柑橘窄吉丁（魏书军）

达形成层后在木质部和韧皮部之间蛀食产生不规则虫道，同时排出虫粪堵塞虫道，流胶之后树干开始干枯，造成整个主枝枯死，严重的全株枯死。易爆发成灾，毁园绝产。

形态特征 成虫：体长 6 ~ 9mm，古铜色有光泽。触角 11 节，锯齿状。前胸背板与头等宽，上布小皱纹，鞘翅紫铜色，密布细小刻点和金黄色花斑，翅端有细小齿突。腹部可见 6 节，背面青蓝色，腹面青银色。雄虫胸部腹面中央从下唇至后胸生有密而长的银白色绒毛；雌虫绒毛短而稀。幼虫：体长 12 ~ 20mm，扁平细长，乳白至淡黄色，体表多皱褶。头小、褐色，陷入前胸内，仅口器外露。前胸特别膨大，呈扁圆形，其背、腹面中央各具一条褐色后端分叉的纵沟；中、后胸甚小。腹部各节略呈方形，腹末有 1 对黑褐色坚硬的钳形突，突端圆锥形。化蛹前，体变粗短，淡黄色，体长 11 ~ 16mm。

生活习性 象山地区 1 年发生 1 代，但有 2 个成虫高峰。成虫在木质部蛹室中羽化后，潜伏 7 ~ 8 天，再把树皮咬成"D"形羽化孔钻出，成虫有假死性，遇到惊扰便从树叶上坠落的途中逃逸。成虫在 7 ~ 14 时出孔，7 ~ 11 时最多，卵产在树干裂缝处，集中在距地面 60 ~ 80cm 处。2004 年越冬幼虫 3 月初开始活动，4 月上旬预蛹，5 月上旬成虫开始出孔，5 月 21 ~ 28 日是出孔高峰期，尤以 5 月 23 ~ 26 日 4 天特集中出孔。下半年田间 8 月 24 日出现新羽化孔，一直持续到 10 月下旬，共 60 天，不像上半年那样集中，比较分散。木质部中全是 4 龄幼虫，9 月上旬查不到幼虫，10 月上旬又发现幼虫。

防治方法 ①针对 5 月份第一批成虫出孔集中可在成虫出孔盛期喷洒 5% 吡·高氯乳油 1800 倍液、20% 氰·辛乳油 1200 倍液、2.5% 溴氰菊酯乳油 1500 倍液。②也可在树干上涂抹上述杀虫剂或包扎农药纸膜或根据流胶点用小刀刮刺初孵幼虫等。

柑橘溜皮虫

学名 *Agrilus* sp.，属鞘翅目、吉丁虫科。别名：柑橘溜枝虫、柑橘串皮虫。分布在贵州、四川、广西、广东、福建、湖南和浙江等地。

寄主 限于柑橘类植物。

为害特点 以幼虫呈螺旋状潜蛀枝干皮层，造成树皮剥裂和流胶，致枝梢发黄断枯，树势衰弱，产量降低。

形态特征 成虫：黑褐色，雌体长10～11mm，宽2.8～3.0mm，雄虫体形稍小。腹面、胸部腹面和足具亮绿色强金属光泽。活虫背面微具光泽。头、胸、翅中区以上等宽，从鞘翅中后部渐向尾端斜缢，头顶向额区深凹陷呈宽纵沟。触角11节，第1～3节柄状，第4～11节锯齿状，齿突大小较一致。前胸背板前、后缘区横陷，中部区域隆起成宽横脊。头部刻点粗大，胸部刻点次之，翅面刻点细而密，排列不规则。鞘翅基缘线显著隆起成脊，翅前缘区向前胸背板后缘凹区倾斜。翅面有白绒毛组成的斑区，尤以翅末端1/3处的白斑最为清晰。末龄幼虫：乳白色，上下扁平，长23～26mm。前胸背板很大，宽胜于长，背观近圆形。中、后胸缩小近2/5。腹部各节梯形，前端窄于后端，后缘两侧有角状突出。腹末端具1对钳

柑橘溜皮虫成虫
（夏声广摄）

状突。

生活习性 年生1代，以幼虫在蛀道中越冬。贵州都匀、浙江黄岩等地，4月中旬温州蜜橘绽蕾时，开始羽化出洞，6月上旬进入羽化盛期，7月初终见。成虫羽化后3～4天交尾，此后2～3天开始产卵。10～12时最活跃，9时前多停息于叶面晒太阳，阴雨天躲在树冠内膛叶丛中。卵散产在枝干表皮凹陷处，常有绿褐色黏物覆盖。每头雌虫一般产卵4～5粒。出洞早的成虫产卵亦早，6月下旬～7月上旬，幼虫孵化为害；晚出洞的成虫一般7～8月产卵，幼虫孵化也迟。初孵幼虫先在皮层啃食，被害部外观呈泡沫状流胶；此后潜入外层木质部，螺旋状蛀食，虫道曲曲弯弯，长可达30cm，形成典型的"溜道"。中后期，幼虫溜蛀经过处枝条上的树皮剥裂，外观可见树皮沿虫道愈合的痕迹。幼虫一般在最后一个螺旋虫道处。受害小枝叶片发黄，多枯死。

防治方法 ①冬季剪除叶片发黄的有虫枝，集中烧毁，减少虫源。②毒杀幼虫。8～9月，按1000ml煤油对10～20ml 40%乐果乳油，用小刀纵向刻划虫溜道2刀达木质部后，排笔蘸药涂干。煤油是渗透力很强的载体，将药渗入虫道中，杀虫效果达95%～100%。都匀市郊的一些果场用此法防治幼虫，2年就消灭了危害。③成虫羽化盛期，用2.5%溴氰菊酯对20%氰戊菊酯乳油1500倍液喷雾树冠，触杀成虫效果极好。

坡面材小蠹

学名 *Xyleborus interjectus* Bland.，属鞘翅目、小蠹科。别名：樟木材小蠹、樟小蠹。分布在贵州、四川、云南、西藏、福建、广东、安徽、台湾等地。

柚树的枝干被坡面材小蠹蛀害后的症状

坡面材小蠹成虫

寄主 柚、沙田柚、橙、柑橘、梨、柿、无花果、中国梧桐、马尾松、黄山松、香樟、鹅儿枥、楠木、印度栲和接骨木等。

为害特点 以成虫和幼虫在木质部蛀食成纵横交错的隧道，严重破坏树体输水功能，导致寄主死亡。受害轻的树势衰弱，严重时植株枯死。

形态特征 成虫：体长2.6～4.0mm，宽1.6～1.8mm，初羽化时黄褐色，老熟后黑色，长椭圆形，具光泽。雌虫额平阔，布疏而大的刻点，疏生橘褐色长毛。触角9节，鞭节7节，锤状部由3节组长，扁圆形。前胸背板近长方形，长大于宽，等于鞘翅长的2/3，背部隆起，顶部后移；鞘翅背面从中部起均匀和缓地向后弓曲，形成约50°的坡面，但无明显的斜面起点；斜面具翅下缘边，每1刻点穴中生1根向后斜生的长毛。雄虫体细小，前胸背板隆起度不大。末龄幼虫：长3.8～4.1mm，宽1.0～1.2mm，嫩白色，虫体稍向腹部弯曲。头褐色，口器深褐色。

生活习性 贵州年生3代，世代重叠。以成虫越冬，4月上、中旬越冬成虫从木质部深处坑道栖移至外层虫坑活动，寻找新的部位或迁飞到异株蛀洞蛀坑，4月中下旬～5月初交尾产卵。坑道多为横坑，母坑和子坑孔径相同。初期坑道在木质部外层，坑长度随树径而异，母坑3～4cm，子坑4～6cm，2～3条，分布于母坑两侧几厘米的垂直面上。成虫由外至内重复产卵于子坑中，每坑有卵13～35粒，故在同坑中可见4个虫态。后期，母坑可长5～7cm，子坑数增至4～6条，卵多产于内层新坑。新一代成虫出现后，沿子坑端部向前蛀食，或从子坑内壁另筑坑道，致整个木质部虫道纵横交错。第1代成虫羽化盛期是5月底～6月初，第2代7月中、下旬，第3代9月上、中旬，至10月上旬仍有少数成虫羽化。11月初，时有冷空气南下，气温下降导致成虫大量冻死，部分钻入木质深层坑道内越冬。成虫一般不为害幼年树，为害老年树或生长弱或濒于枯死的树。有群集为害的习性，但在较小的枝干上也见少数散居者。群体为害时，受害部多在2m以下的主干，蛀孔集中，常见新鲜粪屑排出洞孔。迁蛀初期如遇降雨，湿度大，树干易泌胶液，部分成虫未蛀入木质部就被黏死。随虫口密度的增加，附生于坑道壁上的霉菌不断扩展繁殖，致使旧虫坑变黑，木质部坏死，寄主也渐枯死。

防治方法 ①加强管理，增强树势，减少成虫蛀害。②及早砍掉受害重、濒于死亡或枯死的植株，集中烧毁，减少虫源。冬季处理效果最佳。③初侵染橘树，成虫数量少，虫道浅，可用小刀削去部分皮层涂药毒杀。也可利用成虫晴暖日爬出洞口活动的习性，用长效性杀虫剂高浓度刷干触杀。

柑橘粉蚧

学名 *Planococcus citri*（Risso），属同翅目、粉蚧科。别名：柑橘臀纹粉蚧、紫苏粉蚧。分布于辽宁、山西、山东、江苏、上海、浙江、福建、湖北、广东、四川等地。北方主要发生在温室。

寄主 柑橘、沙田柚、柚、橙、菠萝、咖啡、柿、葡萄、番石榴等40余种植物。

为害特点 成虫、若虫群集在嫩梢吸食汁液，造成梢叶枯萎或畸形早落，有时诱发煤污病。

形态特征 雌成虫：体长2.5mm，黄褐色至青灰色，椭圆形，上被白蜡粉。体四周有白色蜡丝18对，尾端长。触角8节。后期背部显现出1条青灰色纵纹。雄成虫：体长1.6mm，触角9节，眼红色，体被白蜡粉，体末有白色蜡丝2根。若虫：共3龄。3龄若虫体长1.1mm，周缘的18对蜡丝已形成，触角7节。雄蛹：长1.1mm，橙色，眼红色。茧：椭圆形，

柑橘粉蚧

白色。

生活习性 上海温室内年生3代，以受精雌成虫和部分带卵囊成虫于顶梢处或枝干分杈处、裂缝中越冬。翌年4月中旬开始产卵，4月下旬～5月上旬进入产卵盛期，第1代若虫于4月中旬～6月下旬出现，第1代雌成虫于5月下旬始见，6月中、下旬进入羽化盛期。第2代以后发生期不整齐，至11月中、下旬开始越冬。

防治方法 ①加强检疫，防止该虫进入苗圃或果园。②加强管理，注意通风透光，防止该虫大量繁殖。③必要时用9%高氯氟氰·噻乳油1600倍液灌根。④喷洒25%噻虫嗪水分散粒剂4000倍液或20%氰·辛乳油1200倍液。

长尾粉蚧

学名 *Pseudococcus longispinus* Targioni-Tozzetti，属同翅目、粉蚧科。别名：长刺粉蚧。异名*P.adonidum*（Geoffroy）。分布在福建、台湾、广东、广西、云南、贵州及北方温室。

寄主 柑橘、沙田柚、李、番石榴等。

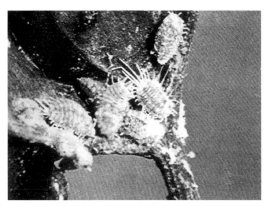

长尾粉蚧雌成虫

为害特点 以成虫、若虫在寄主植物的茎、枝条、新梢和叶上刺吸汁液，致使受害植物发芽晚，叶变小，严重时茎、叶布满白色絮状蜡粉及虫体，诱发煤污病发生，致使枝条干枯，死亡。

形态特征 成虫：雌成虫长椭圆形，体长3.5mm，宽1.8mm，体外被白色蜡质分泌物覆盖。体缘有17对白色蜡刺，尾端具2根显著伸长的蜡刺及2对中等长的蜡刺。虫体黄色，背中央具一褐色带；足和触角有少许褐色。触角8节，第8节显著长于其他各节。喙发达。足细长，胫节长为跗节长的2倍，爪长。腹裂大而明显椭圆形。肛环宽，具内缘和外缘2列卵圆形孔和6根肛环刺。多孔腺较少，仅分布在阴门周围。刺孔群17对。若虫：相似于雌成虫，但较扁平，触角6节。

生活习性 年发生2～3代，温室中常年可发生。以卵在卵囊内越冬。次年5月中、下旬若虫大量孵化，群集于幼芽、茎叶上刺吸为害，使枝叶萎缩、畸形。雄若虫后期形成白色茧，并在茧内化蛹。每雌成虫产卵200～300粒，产卵前先形成白絮状蜡质卵囊，产卵于卵囊中。

防治方法 ①加强检疫，严禁带虫苗木调入、调出，以防传播。②加强管理，增强树势，及时通风透光，剪除有虫枝。③在若虫盛孵期及时喷洒25%噻虫嗪水分散粒剂4000倍液、20%氰·辛乳油1200倍液、1.8%阿维菌素乳油1000倍液。④保护利用天敌。

草履蚧

学名 *Drosicha corpulenta*（Kuwana）。

寄主 除为害苹果、梨、桃、李、枣、柿、核桃、栗、荔枝、无花果外，还为害柑橘类、油橄榄等。

草履蚧成虫

为害特点　以若虫和雌成虫刺吸上述果树嫩芽、枝干的汁液，造成树势衰弱，生长不良，严重的可使枝、梢、芽枯萎或整株死亡。

生活习性　该虫现成为难治的为害日趋严重的重要蚧虫。在陕西永寿县及全国各地均1年发生1代，以卵在树干基部周围10cm左右深的土层、土缝及碎石等杂物下越冬。土壤解冻时越冬卵开始孵化，孵化期长达1个多月，2月进入孵化盛期。一般若虫在孵化之初仍栖息在卵囊内，2月上旬芽体膨大初期，若虫出土上树为害，3月上旬孵化结束。若虫活动以中午温度高时活跃，多爬至树枝背侧及树杈、嫩枝、芽旁等处群集吸食汁液。3月底～4月上旬若虫第1次蜕皮后，体渐增大开始分泌蜡粉。若虫常有日出上树为害、下午下树潜伏的习性。4月中、下旬雄若虫第2次蜕皮后不再取食，向下转移至树干粗皮缝、树洞、枝杈、叶背及根茎附近的土缝中结灰白色茧化蛹。蛹期10天，5月中旬化蛹结束。4月底～5月上旬雌若虫第3次蜕皮后变为成虫。雌雄交配后，雌虫于5月底～6月上旬下树钻到根茎附近5～10cm深的土中，从后腹部分泌白色絮状物形成卵囊，把卵产在囊中。

防治方法　①消灭卵囊和虫体，秋冬季结合挖树盘、施基肥，把树干周围的卵囊检出来集中烧毁。在树上为害期，对虫体较多的主干、枝段进行人工抹杀。②诱集产卵。在雌虫下树产卵时，在树干基部四周挖坑，内放树叶，也可在树干基部绑草把，诱集雌虫产卵并集中烧毁。③绑塑料药带。2月中、下旬，在若虫未上树前，在树的主干部绑10～20cm宽的涂有机油：40%乐果乳油为1：1的药液的黏虫药带，黏杀上树的若虫。④根颈灌药。在雌虫下树产卵期或初孵若虫上树前用200倍的40%辛硫磷乳油或20%氰·辛乳油，按树大小确定药量，一般1个根颈灌药1～2kg。⑤树上喷药。若虫上树期用12.5%双氧威乳油2000倍液喷洒。4月中旬前后可用25%噻虫嗪水分散粒剂3000倍液。⑥保护利用天敌。其主要有红环瓢虫和黑缘红瓢虫，1只瓢虫能吃掉100～200只草履蚧若虫。5～6月瓢虫发生期应禁止喷广谱杀虫剂以保护天敌。

堆蜡粉蚧

学名 *Nipaecoccus vastator*（Maskell），属同翅目、粉蚧科。别名：橘鳞粉蚧、柑橘堆蜡粉蚧、柑橘堆粉蚧。分布于华中、华东、华南。华南各省比较普遍且严重。

寄主 金橘、柑橘、芒果、柚、沙田柚、荔枝、龙眼、葡萄等。

为害特点 若虫、成虫刺吸枝干、叶的汁液，重者叶干枯卷缩，削弱树势甚至枯死。

形态特征 成虫：雌体长2.5mm，椭圆形，灰紫色，体被较厚的白蜡粉，每节上分成4堆，由前至后形成4行，体边缘蜡丝粗短，仅末端一对略长。卵囊黄白色似棉球。雄体长1mm，紫褐色，前翅发达、半透明，腹末具1对白蜡质长尾刺。卵：椭圆形，长0.3mm，淡黄色。若虫：紫色，与雌成虫

堆蜡粉蚧

相似。初孵若虫无蜡质粉堆，固定取食后开始分泌白色蜡质物，并逐渐加厚。

生活习性 华南年生5～6代，以若虫和雌成虫在枝干皮缝及卷叶内越冬。翌年2月开始活动，3月下旬产卵于卵囊内，每雌可产卵200～500粒，若虫孵化后逐渐分散转移为害。各代若虫盛发期：4月上旬，5月中旬，7月中旬，9月中旬，10月上旬，11月中旬。以4～5月和9～11月虫口密度最大，为害最重，世代重叠。雄虫一般数量很少，主要行孤雌生殖。

防治方法 （1）剪枝或人工刮除，铲除虫源。刷除1～3年生枝条上的介壳虫，然后用3%～5%的柴油乳油喷洒枝干。（2）春季树液流动后用40%安棉特或40%好年冬10～15倍液+柔水通4000倍液混合涂抹主干或主枝。

柑橘根粉蚧

学名 *Rhizoecus kondonis* Kuwana，属同翅目、粉蚧科。分布在中国东南部。

寄主 柑橘，是柑橘上的一种重要害虫。

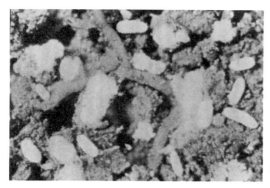

柑橘根粉蚧

为害特点 若虫和雌成虫刺吸细根汁液，被害根常腐烂，削弱树势，常致落叶落果。

形态特征 成虫：雌体长1.5～2.2mm，长扁圆筒形，被白蜡粉，体周缘无蜡丝。触角短、5节，体背前后部各具1个唇裂，第3、第4腹节的腹面各有1个圆形脐斑，后一个稍大，肛环上具6根刚毛。雄体长0.67mm，无翅。

生活习性 福建邵武年生3代，以若虫和新生的雌成虫越冬，成虫4月开始产卵。第1代发生期正值雨季，发生数量较少；第2代虫口密度上升；第3代在越冬前虫口密度最大。成虫、若虫在细根附近活动，受害根腐败后又转移到新根上，在土中分布随细根伸展所及，一般地下10cm左右处虫口数量最多，深者达30～40cm。雄虫甚少，主营孤雌生殖。成虫分泌的卵囊多在细根附近土粒间，每卵囊内有卵20～120粒。土壤含水量15%～25%的酸性土适其繁殖，瘠薄土壤往往发生重。连续降雨土壤湿度过大会引起大量死亡。

防治方法 ①利用天敌。②进行苗木检疫。③药剂灌根：先将表土扒开，然后浇灌药液，成树每株30～50kg药液，药液渗入后覆土，使用药剂参考草履蚧。④为害期可勤浇水，提高土壤湿度促其死亡。

矢尖盾蚧

学名 *Unaspis yanonensis*（Kuwana），属同翅目、盾蚧科。别名：矢尖蚧、矢根介壳虫、箭头介壳虫。异名 *Chionaspis yanonensis* Kuwana；*Prontaspis yanonensis* Kuwana。分布在辽宁、甘肃、陕西、北京、河北、山西、河南、江苏、上海、浙江、湖北、湖南、江西、福建、贵州、广东、广西、云南、四川以及北方温室。

寄主 柑橘、番石榴、金橘、木瓜、枸骨、白蜡树、龙眼等，是柑橘上的重要害虫。

为害特点 雌成虫和若虫刺吸枝干、叶和果实的汁液，重者叶干枯卷缩，削弱树势甚至死亡。

形态特征 成虫：雌介壳箭头形，常微弯曲，长2～4mm，棕褐至黑褐色，边缘灰白色。前端尖、后端宽，1～2龄蜕皮壳黄褐色于介壳前端，介壳背面中央具1条明显的纵脊，其两侧有许多向前斜伸的横纹。雌成虫体橙黄色，长2.5mm左右。雄介壳狭长，长1.2～1.6mm，粉白色棉絮状，背面有3条纵脊，1龄蜕皮壳前端黄褐色。雄成虫体长0.5mm，橙黄色，具发达的前翅，后翅特化为平衡棒。腹末性刺针状。

矢尖盾蚧雌雄介壳

卵：椭圆形，长0.2mm，橙黄色。若虫：1龄草鞋形，橙黄色，触角和足发达，腹末具1对长毛；2龄扁椭圆形，淡黄色，触角和足均消失。蛹：长1.4mm，橙黄色，性刺突出。

生活习性 甘肃、陕西年生2代，湖南、湖北、四川3代，福建3～4代，以受精雌虫越冬为主，少数以若虫越冬。1龄若虫盛发期大体为：2代区为5月下旬前后、8月中旬前后；3代区为5月中下旬、7月中旬、9月上中旬；3～4代区为4月中旬、6月下旬～7月上旬、9月上中旬、12月上旬。成虫产卵期长，可达40余天，卵期短，仅1～3h，若虫期夏季30～35天，秋季50余天。单雌卵量70～300粒，第3代最多，第1代次之。卵产于母体下，初孵若虫爬出母壳分散转移到枝、叶、果上固着寄生，仅1～2h即固着刺吸汁液，体渐缩短，次日开始分泌棉絮状蜡粉，2龄触角和足消失，于蜕皮壳下继续生长并分泌介壳，再蜕皮变为雌成虫。雄若虫1龄后即分泌棉絮状蜡质介壳，常喜群集于叶背寄生。其天敌有日本方头甲、多种瓢虫和小蜂。

防治方法 ①预测预报，寻找当年第1代2龄雌幼蚧盛发期，亦即当代雌成蚧初现日，作为确定喷药的适期。其后14～21天再喷1次。②生物防治。矢尖蚧的寄生蜂有寄生未产卵雌成虫的矢尖蚧蚜小蜂、只寄生产卵雌成虫的花角蚜小蜂、寄生2龄雄幼蚧的寄生蜂，以及日本方头甲都是橘园的重要天敌。③药剂防治。以若虫分散转移期施药最佳，虫体无蜡粉和介壳，抗药力最弱。可用25%噻虫嗪水分散粒剂4000倍液或1.5%氰戊·苦参碱乳油800～1000倍液、20%吡虫啉可湿性粉剂2000倍液、1.8%阿维菌素乳油2000倍液。也可用矿物油乳剂，夏秋季用含油量0.5%，冬季用含油量3%～5%；或松脂合剂，夏秋季用18～20倍液，冬季用8～10倍液。如化学农药和矿物油乳剂混用效果更好，对已分泌蜡粉或蜡壳者亦有防效。松脂合剂配比为烧碱∶松香∶水为2∶3∶10。提倡使用94%机油乳剂50倍液，防效优异。

澳洲吹绵蚧

学名 *Icerya purchasi*（Maskell），属同翅目、绵蚧科。别名：绵团蚧、白蚰、白蜱、棉花蚰、吹绵蚧、白条介壳虫、棉团介壳虫。分布在安徽、江苏、上海、江西、福建、台湾、湖北、湖南、广东、海南、广西、贵州、重庆、四川、云南等地，北方温室时有发生。

寄主 柑橘、石榴、枇杷、枸杞、无花果、柿、葡萄、柠檬、茶、橙、桑、黄皮、沙田柚、山楂、苹果、梨等280余种植物。

为害特点 若虫和雌成虫群集枝、芽、叶上吸食汁液，排泄蜜露诱致煤污病发生，削弱树势，重者枯死。

形态特征 成虫：雌体椭圆形，体长5～7mm，暗红或橘红色，背面生黑短毛、被白蜡粉、向上隆起，发育到产卵期，腹末分泌出白色卵囊，卵囊上具14～16条纵脊，卵囊长4～8mm。雄体长3mm，橘红色，胸背具黑斑，触角10节似念珠状、黑色，前翅紫黑色，后翅退化；腹端两突起上各生

澳洲吹绵蚧雌成虫
（放大）

4根长毛。卵：长椭圆形，长0.7mm，橙红色。若虫：体椭圆形，眼、触角和足均黑色，体背覆有浅黄色蜡粉。雄蛹：椭圆形，长2.5～4.5mm，橘红色。茧：长椭圆形，覆有白蜡粉。

生活习性 华东与中南地区年生2～3代，四川3～4代，以若虫和雌成虫或南方以少数带卵囊的雌虫越冬。发生期不整齐。浙江2代，3月开始产卵，5月上、中旬进入盛期，5月下旬～6月上旬若虫盛发，6月中旬始见成虫，7月中旬最多；2代卵发生期为7月上旬～8月中旬，7月中旬出现若虫，早的当年可羽化，少数可产卵，多以2代若虫越冬。福建、广东、台湾第2代发生于7～8月，第3代9～11月，少数第4代盛期出现在11月以后。台湾完成1代夏季约80天，冬季130天。交配后6～11天开始产卵，产卵期5～45天。初龄若虫在叶背主脉两侧定居，2龄后转移到枝干上群集为害，雌成虫定居后不再移动，成熟后分泌卵囊产卵于内，每雌可产卵数百至2000粒。雄虫少，多营孤雌生殖，但越冬代雄虫较多，常在树缝隙、叶背及土中结茧化蛹。越冬代雌、雄成虫交配后产卵甚多，常在5～6月成灾。其天敌有澳洲瓢虫、大红瓢虫、小红瓢虫及寄生菌等。

防治方法 ①保护引放澳洲瓢虫、大红瓢虫、小红瓢虫、红环瓢虫等。一般50株的柑橘园在3～5株上放澳洲瓢虫，每株放100～150头，通常放瓢虫1个月后，便可消灭吹绵蚧。但是当瓢蚧比接近1∶15左右时就要转移瓢虫，以免自相残杀。②剪除虫枝或刷除虫体。③果树休眠期喷1～3°Bé石硫合剂、45%晶体石硫合剂30倍液；北方可在发芽前喷3～5°Bé石硫合剂或45%晶体石硫合剂20倍液、含油量5%的矿物油乳剂。提倡用94%机油乳剂50倍液，防效优异。④初孵若虫分散转移期或幼蚧期喷洒25%噻虫嗪水分散粒剂4000倍液或5%啶虫脒可湿性粉剂1500～2000倍液。

橘绿绵蚧

学名　*Chloropulvinaria aurantii*（Cockerell），属同翅目、蚧科。别名：橘绵蚧、橘绿绵蜡蚧、黄绿絮介壳虫。分布在浙江、江西、福建、台湾、广东、广西、湖北、湖南、四川、云南、江苏、上海、贵州等地，北方温室时有发生。

寄主　柑橘、香蕉、枇杷、柿、茶、无花果、荔枝、龙眼、橄榄、柚、橙、柠檬等。

为害特点　成虫、若虫在枝梢及叶背刺吸为害。被害株叶片呈黄绿色斑点。为害严重时，枝、叶布满虫体，致使枝、叶枯黄，早期脱落，并导致煤污病发生。

形态特征　成虫：雌成虫体长约4mm，宽3.1mm。椭圆形，扁平，青黄或褐黄色，体边缘颜色较暗，有绿色或褐色的斑环，在背中线有纵行褐色带纹。触角8节，第3节最长，第2节和第8节次之，第6节和第7节最短。足细长，腿节和胫节几乎等长，但腿节较粗。爪冠毛发达，较粗，顶端膨大为球形。气门周围无圆筒状硬化。雌成虫产卵期不仅分泌白色棉状卵囊，而且被柔软的白色蜡绒。卵囊较宽，长，背面有明显的3条纵脊。其分泌卵囊的5个蜡腺位于腹面前中间一点，第2对

带卵囊的橘绿绵蚧雌成虫（上）

胸足足基上沿和第3对胸足足基下沿各有1对蜡腺。卵：初产下时为黄绿色，孵化前鹅黄色。

生活习性　年发生2代，以若虫在枝、叶上越冬，次年3月下旬若虫开始活动，4月中旬雄成虫羽化、交尾。受精雌成虫于5月上旬迅速膨大，背部明显隆起，并多数转移至叶背固定。第1代若虫期5～7月；7月下旬第1代成虫陆续分泌卵囊并产卵于其中。雌雄性比1：2.6。雌虫多在茎干上，雄虫多在叶背。每雌产卵700～1500粒，平均1000粒。卵孵化盛期为5月下旬。

防治方法　参见澳洲吹绵蚧。

垫囊绿绵蚧

学名　*Chloropulvinaria psidii*（Maskell），属同翅目、蚧科。别名：番石榴绿绵蚧。分布在除蒙新区、青藏区外，中国多有分布。

寄主　柑橘、番荔枝、番石榴、梅、樱桃、李、杏、柚、橙、柿、无花果、柠檬、菠萝、龙眼、芒果、苹果、茶、桑、棕榈等。

为害特点　若虫在枝条或叶背吸食寄主汁液，致枝叶萎黄干枯，并易诱发煤污病。

垫囊绿绵蚧

形态特征 雌成虫：体长3.5～4mm，宽2.5～3mm，椭圆形或卵形，背部稍隆起，蜡黄绿色。触角8节，第3节最长，3对足，腿节与胫节等长，体后半部为1大片肉白色斑。全部体缘毛端部增粗成棍状并具分枝呈锯齿状。产卵前体收缩成直径3.8mm的近圆形，至产卵期身体下方产生蜡质垫状卵囊。这时，背中线由肉白色变成浅褐色，后整个体背凸起部分都变成肉白色，周缘变褐。雄成虫：体长1.6～1.7mm，翅展3.4～4mm，浅棕红色，复眼酱黑色，触角13节，翅浅灰白色，腹末生刺状交尾器及白色丝1对。卵：长0.03mm，乳白色至浅红或浅黄色。若虫：体长2mm，扁平，浅黄色，背中央稍凸。蛹：长1.5mm，浅褐色，复眼黑色。

生活习性 湖南年生1代，以若虫在叶背越冬。3月下旬迅速长大，雄虫4月初始蛹，雌虫5月向新梢叶背转移，6月分泌蜡质在腹下形成垫囊，垫囊厚6～9mm，并把卵产在垫囊之中，产卵量300～500粒，雄虫不多，多行孤雌生殖。广州5～10月均有发生，5～6月受害重，山区发生重，茂密果园发生重。其天敌有闽粤软蚧蚜小蜂等。

防治方法 ①加强果园管理，及时修剪使其通风透光，增施磷钾肥，以增强树势。②保护利用天敌。③于若虫孵化盛期大量分泌蜡质之前喷洒9%高氯氟氰·噻乳油1500倍液或10%吡虫啉可湿性粉剂1000倍液、25%噻虫嗪水分散粒剂4000倍液、20%氰·辛乳油1200倍液。

红蜡蚧

学名 *Ceroplastes rubens* Maskell，属同翅目、蜡蚧科。分布：除东北、西北部分地区外，几遍全国各地。

红蜡蚧（放大）

寄主　茶、桑、柑橘、荔枝、龙眼、石榴、猕猴桃、枇杷、杨梅、芒果、无花果、柿等64种植物。

为害特点　同垫囊绿绵蚧。

形态特征　雌成虫：体长2.5mm，卵形，背面向上隆起。触角6节。口器较小，位于前足基节间。足小，胫节略粗，跗节顶端变细。前胸、后胸气门发达，为喇叭状。气门刺近半球形，其中一刺大，端尖，散生4～5个较大的刺及一些小的半球形刺。在阴门四周有成群的多孔腺。体背边缘具复孔腺集成的宽带，中部集成环状。肛板近三角形，臀裂后端边缘具长刺毛4～5根。虫体外蜡质覆盖物形似红小豆。成虫的4个气门具白色蜡带4条上卷，介壳中央具一白色脐状点。雄成虫：体暗红色，口器黑色，6个单眼，触角10节，浅黄色，翅半透明白色。卵：椭圆形，浅紫红色。若虫：扁平椭圆形，红褐色至紫红色。

生活习性　年生1代，以雌成虫在茶树枝上越冬，翌年5月下旬雌成虫开始产卵，每雌平均产卵约200粒，6月初若虫开始出现，8月下旬～9月上旬雄成虫羽化。

防治方法　①发现有虫枝，及时剪除有虫枝叶，集中烧毁。②注意适时、合理修剪，改善通风透光条件，可减少其发生。③红蜡蚧若虫孵化期长达21～35天，防治时应连续喷洒9%高氯氟氰·噻乳油1000～2000倍液或20%吡虫啉浓可溶剂2000倍液、20%氰·辛乳油900倍液、25%噻虫嗪水分散粒剂4000倍液，隔10天左右1次，防治3～4次。④提倡释放红蜡蚧扁角跳小蜂、蜡蚧扁角短尾跳小蜂、赖食软蚧蚜小蜂，进行生物防治。

黑点蚧

学名 *Parlatoria zizyphus*（Lucas），属同翅目、盾蚧科。别名：黑片盾蚧、黑星蚧。分布在河北、江苏、浙江、江西、福建、台湾、湖北、湖南、广西、广东、四川。

寄主 柑橘、椰子、枇杷、苹果、枣、茶等。

为害特点 同矢尖盾蚧。

形态特征 成虫：雌介壳长椭圆形，长1.5～2mm，黑色，介壳背面具2条纵脊，后缘有灰白色薄蜡片，壳点椭圆漆

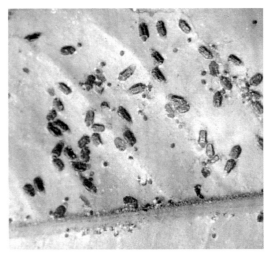

黑点蚧

黑，位于介壳的前端，第2蜕皮壳甚大，长方形黑色，均有背纵脊。雌成虫倒卵形，淡紫红色，前胸两侧有耳状突起，是本种的重要特征。雄介壳狭长，长1mm，灰白色，壳点椭圆形漆黑，位于介壳前端。雄成虫淡紫红色，前翅发达、半透明，翅脉2条，性刺针状。

生活习性 南方年生3～4代，以雌成虫和卵越冬。4～5月间第1代若虫陆续出现，第2代若虫7月盛发，第3代若虫10～11月发生。雌成虫寿命和产卵期都很长，不断产卵陆续孵化，并能孤雌生殖，世代重叠。平均每雌可产卵50余粒。4月下旬若虫转移到当年生春梢上，5月下旬蔓延到幼果上为害，7月下旬转到当年生夏梢上为害，8月上旬在叶和果实上为害。生长衰弱郁闭的果园发生较重。其天敌有盾蚧长缨蚜小峰、纯黄蚜小蜂、短缘毛蚜小蜂、中国小蜂、长缘毛蚜小蜂、整胸寡节瓢虫、红点唇瓢虫、日本方头甲等。

防治方法 参考矢尖盾蚧。

褐圆蚧

学名 *Chrysomphalus ficus* Ashmead，属同翅目、盾蚧科。别名：黑褐圆盾蚧、褐叶圆蚧、褐圆盾蚧、茶褐圆蚧、鸢紫褐圆蚧。异名：*Chrysomphalus ficus* Ashmead；*Aspidiotus ficus* Comstock。分布在广东、福建、上海、湖北、湖南、广西、江苏、四川、台湾、浙江、江西、山东、云南等地，北方温室时有发生。

寄主 柑橘、柚、沙田柚、芒果、无花果、杨梅、栗、葡萄、银杏、玫瑰、冬青、樟树、柠檬、椰子、香蕉等200余种植物。

褐圆蚧雌介壳及初固
定介壳

为害特点 以若虫和成虫在植物的叶片上刺吸为害，受害叶片呈黄褐色斑点，严重时介壳布满叶片，叶卷缩，整个植株发黄，长势极弱甚至枯死。其为害呈上升趋势。

形态特征 成虫：雌介壳圆形，直径约2mm，暗紫褐色，边缘灰白至灰褐色，中央隆起较高略呈圆锥形，壳点即1龄蜕皮壳位于介壳中央顶端，圆形，红褐色，2龄蜕皮壳位于壳点下，圆形黄褐色。常因寄主不同介壳颜色有变化，多为黑褐色无光泽。雌成虫体长1.1mm，淡黄褐色，倒卵形。雄介壳与雌介壳相似，较小，边缘一侧扩展略呈卵形或椭圆形，壳点中央暗黄色。雄成虫体长0.75mm，淡橙黄色，前翅发达透明，后翅特化为平衡棒，性刺色淡。卵：长卵形，长0.2mm，淡橙黄色。若虫：1龄卵形，长0.25mm，淡橙黄色，足和触角发达，尾毛1对。2龄触角、足和尾毛均消失，出现黑色眼斑。

生活习性 华南年生4～6代，陕西汉中3代。后期世代重叠，均以若虫越冬。福州各代1龄若虫盛发期：5月中旬，7月中旬，9月下旬，10月下旬～11月中旬。1年中以夏季为害果实最烈。生活习性与矢尖盾蚧略似，雌虫多于叶背和果实上固着为害，雄虫多于叶面上固着为害。每雌卵量80～145粒。

防治方法 参见矢尖盾蚧。

柑橘白轮蚧

学名 *Aulacaspis citri* Chen，属同翅目、盾蚧科。分布在广东、云南、四川等地及北方温室。

柑橘白轮蚧雌成虫介壳

寄主 柑橘、金橘、米兰、含笑。

为害特点 雌成虫和若虫群集在叶片、枝条或果实上吮吸汁液，致叶片变黄脱落。

形态特征 雌蚧近圆形，白色，长2.1～3.3mm，壳点近中央，第1壳点灰黄色，第2壳点深褐色。雄蚧长形，具3脊。雌成虫前体部近方形，头瘤明显，其前头缘浑圆，其后两侧相平行，全体长1.3～1.4mm。前体部、后胸及第1腹节两侧硬化，触角1毛。第2、第3腹节有缘小管排成，各为6～9个。背疤不显，缘侧片长而粗。

防治方法 参见矢尖盾蚧。

肾圆盾蚧

学名 *Aonidiella aurantii*（Maskell），属同翅目、盾蚧科。别名：红圆蚧、红肾圆盾蚧、红圆蹄盾蚧、红奥盾蚧。异名 *Aspidiotus aurantii* Maskell。分布在广东、广西、福建、台湾、

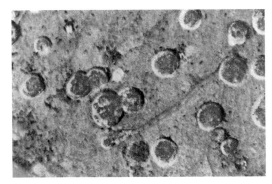

肾圆盾蚧

浙江、江苏、上海、贵州、湖北、四川、云南。在新疆、内蒙古、辽宁、山东、陕西等北方地区的温室中也有发现。

寄主 沙田柚、柑橘、芒果、香蕉、椰子、无花果、柿、核桃、柠檬、柚、橄榄、苹果、梨、桃、李、梅、山楂、葡萄等370余种植物。

为害特点 成虫、若虫刺吸枝干、叶和果实的汁液，重者叶干枯卷缩，新梢停滞生长，甚至树势削弱，严重者布满介壳，整株干枯。近年该虫为害呈上升态势。

形态特征 介壳：雌介壳圆形，直径1.8～2mm，淡黄色，可透见虫体，故呈橙红至红褐色，边缘淡黄色，中央稍隆起，壳点黄褐至黑褐色、位于中央。雄介壳长椭圆形，长1mm，淡灰黄色，边缘色淡，壳点偏于一端。成虫：雌成虫略呈肾形或马蹄形，长1mm，宽1.1mm，橙黄至红色。背面、腹面硬化。臀板浅褐色，臀叶3对。雄成虫体长1mm左右，橙黄色，眼紫色。卵：很小，椭圆形，浅黄色至橙黄色，产在母体腹内，孵化后才产出若虫。若虫：1龄若虫体长0.6mm左右，长椭圆形，橙黄色，2龄时触角和足消失，体近圆形至杏仁形，橘黄色至橙红色。

生活习性 年生2～4代，浙江2代，南昌3代，华南4代，以2龄幼虫或受精雌虫在枝叶上越冬，翌春继续为害，生殖方式为卵胎生。浙江6月上、中旬开始产仔，若虫分散转移，喜于茂密背阴处的枝梢、叶和果实上群集固着为害，8月间发生第1代成虫，10月中旬发生第2代成虫，交配后雄成虫死亡，雌成虫越冬。江西南昌3代区，各代若虫胎生期分别在5月中旬～6月中旬、7月下旬～9月上旬及10月中、下旬，雄成虫羽化期分别在4月中下旬、7月、8月中旬～10月上旬，羽化盛期在4月中旬、7月中旬及9月上、中旬。每头雌成虫能胎生60～160头若虫，经1～2天从介壳边缘爬出来，活动1～2天后即固着取食。雌虫多在叶背、雄虫多在叶面近地面叶片上或群集在枝干上，固定后仅1～2h即分泌蜡质，形成针点大小的灰白色介壳。气温28℃，1龄若虫期12天左右，2龄若虫期约10天。雌成虫胎生若虫时间为数周至1～2个月；其寿命与受精与否有关，若与雄虫交配受精能存活6个月。其天敌有黄金蚜小蜂、岭南黄金蚜小蜂、红圆蚧黄褐蚜小蜂、双带巨角跳小蜂等多种。

防治方法 参见矢尖盾蚧。

榆蛎蚧

学名 *Lepidosaphes ulmi*（Linnaeus），属同翅目、盾蚧科。别名：茶牡蛎蚧、榆牡蛎蚧、松蛎盾蚧。异名 *Lepidosaphes juglandis* Fernald。分布在华北、华东、华中、华南、西南及北方温室。

寄主 柑橘、枸杞、银杏、葡萄、苹果、板栗、柿、柳、榆等。

为害特点 以若虫、成虫在茎干上刺吸为害，严重者茎干上布满介壳，致使植物生长不良以至不能孕蕾开花，干枯死亡。

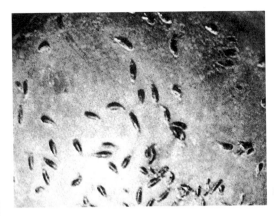

榆蛎蚧

形态特征 成虫：雌介壳长2.9～3.8mm，宽0.8～1.4mm，长牡蛎形，前狭后宽，末端浑圆，全蚧稍弯或直，背面隆起，略有横纹或横纹明显，前端浅褐色，后端深褐色，壳点位于介壳前端，第1壳点橘黄色，第2壳点橙黄色。雄介壳长0.8～1.1mm，宽0.25～0.45mm，两侧缘近平行，或前半部略狭于后半部，末端圆，背面隆起，全体褐色，有时前半部浅后半部深。雌虫体长1.0～1.8mm，宽0.5～0.76mm。长纺锤形或头胸部很窄，腹部第2腹节最宽，体膜质、黄白色。头部光滑，触角圆瘤状各生1～2根长毛。臀板宽大，后端浑圆，臀叶2对。雄成虫体长0.6mm，翅展1.3mm；淡紫色，触角、足淡黄色，胸部淡褐色；翅1对；腹末端有长形交尾器。卵：长0.2～0.3mm，椭圆形，乳白色，半透明。若虫：1龄若虫体长0.25～0.35mm，宽0.15～0.20mm；卵圆形；较扁平，淡黄色；腹末端有2根较长的尾毛；眼瘤明显地突出于头前两侧；触角长6节；足3对，基部肥大，腿节呈纺锤形；第1～7腹节侧缘有7对腺刺。2龄若虫长0.5～0.8mm，宽0.2～0.37mm；体长纺锤形，稍扁平，黄色；触角近瘤状，生长短毛各1个。臀叶相似于雌虫；腹部第1～7腹节每侧各着生一个腺刺。若虫蜕皮后开始分泌蜡质物质，并与蜕下的皮形成介壳。雄蛹：暗紫色。

生活习性 年发生1代，以卵在母体介壳下越冬，翌年5月中、下旬越冬卵开始孵化，若虫出壳后在树干或枝条上活动3～4天，然后选择适当部位固定，6月上旬初孵若虫均固定于树干或枝条上，并逐渐形成介壳。若虫期30～40天。雌性若虫至7月上旬变为成虫，雄性若虫于7月上、中旬羽化为雄成虫。雌雄交尾后，于8月上旬开始产卵，8月中、下旬为产卵盛期，产卵期长约50天，每雌产卵近100粒左右，卵藏于介壳下，产卵后雌成虫死亡。

防治方法 参见矢尖盾蚧。

糠片盾蚧

学名 *Parlatoria pergandii* Comstock，属同翅目、盾蚧科。别名：糠片蚧、片糠蚧、灰点蚧、圆点蚧。分布在山西、河北、河南、山东、安徽、江苏、浙江、江西、福建、台湾、广东、广西、湖北、湖南、云南、四川。

寄主 柑橘、枸杞、佛手、金橘、柚、沙田柚、芒果、

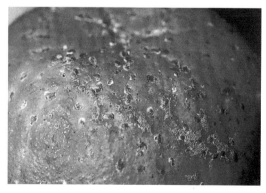

糠片盾蚧雌雄成虫为害柑橘（放大）

罗汉松、柠檬、无花果、苹果、梨、樱桃、葡萄、柿、茶等。

为害特点 若虫、雌成虫刺吸枝干、叶和果实的汁液，重者叶干枯卷缩，削弱树势甚至枯死。

形态特征 成虫：雌介壳长圆或不正椭圆形，长1.5～2mm，灰白、灰褐、淡黄褐色，中部稍隆起、边缘略斜，蜡质渐薄色淡，壳点很小、椭圆形，暗黄绿至暗褐色，叠于第2蜕皮壳的前方边缘，第2蜕皮壳近圆形、颇大，黄褐至深褐色，接近介壳边缘。雌成虫椭圆形，长0.8mm，紫红色。雄介壳灰白色，狭长而小，壳点椭圆形，暗绿褐色，位于介壳前端。雄成虫淡紫色，触角和翅各1对，足3对，性刺针状。若虫：初孵扁平椭圆形，长0.3～0.5mm，淡紫红色，足3对，角、尾毛各1对。固定后触角和足退化。雄蛹：淡紫色。

生活习性 南方年生3～4代，以雌成虫和卵越冬，发生期不整齐，世代重叠。四川重庆年生4代，各代发生期：4～6月，6～7月，7～9月，10月～翌年4月。4月下旬起当年春梢上若虫陆续发生，6月中旬达高峰。湖南衡山、长沙年生3代，各代若虫发生期：5月，7月，8～9月。初孵若虫分散转移，经1～2h便固着为害，分泌白绵状蜡粉覆盖虫体，进而泌介壳。第1代主要于枝叶上为害，第2代开始向果实上转移为害，7～10月发生量最大、为害严重。

防治方法 参见矢尖盾蚧。

日本长白盾蚧

学名 *Lopholeucaspis japonica*（Cockerell），属同翅目、盾蚧科。别名：日本长白盾蚧、长白介壳虫、梨长白介壳虫、日本长白蚧、茶虱子、日本白片盾蚧。异名 *Leucaspis hydrangeae* Takahashi; *Leucaspis japonica* Cockerell。分布在吉

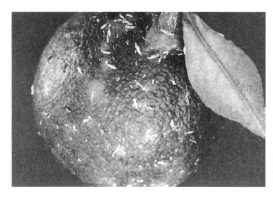

日本长白盾蚧雌介壳
为害柑橘（放大）

林、辽宁、河北、山西、陕西、甘肃、青海、宁夏、内蒙古、福建、台湾、广东、广西、贵州、四川、云南、山东、江苏、湖北。

寄主 山楂、无花果、柑橘、枇杷、苹果、梨、李、沙田柚、柚、梅、柿等。

为害特点 以若虫、雌成虫在叶、干上刺吸汁液，致受害树衰弱，叶片瘦小、稀少。该蚧还可在短期内形成紧密的群落，布满枝干或叶片，造成严重落叶，发芽大减，连续受害2～3年，枝条枯死或整株死亡，是一种毁灭性害虫。

形态特征 介壳：雌介壳长1.68～1.80mm，纺锤形，暗棕色，其上具一层白色不透明蜡质物，一个壳点，头端突出。雄介壳长形，白色，壳点突出在头端。成虫：雌成虫体长0.6～1.4mm，梨形，浅黄色，无翅。雄成虫体长0.5～0.7mm，浅紫色，头部色较深，1对翅，白色半透明，腹末具一针状交尾器。若虫：体长0.2～0.31mm，触角5节，足3对，腹末具尾毛2根。雌虫共3龄，雄虫2龄。1龄末期体长0.39mm，体背覆一层白色蜡质介壳。2龄若虫体长0.36～0.92mm，体色有淡紫或淡黄、橙黄及紫黄等，触角及足消失，体背介壳灰白色。3龄若虫浅黄色，腹部末端第3、第4节向前拱起。前蛹：长

0.63～0.92mm，长椭圆形，浅紫色。蛹：长0.66～0.85mm，细长，淡紫色至紫色。触角、翅芽、足均出现，腹末生一针状交配器。

生活习性 江苏、浙江、安徽、湖南年生3代，以末龄雌若虫和雄虫前蛹在枝干越冬。翌年3月下旬～4月下旬，雌成虫羽化，4月中、下旬雌成虫开始产卵，第1、第2、第3代若虫孵化盛期主要在5月中下旬、7月中下旬和9月上旬～10月上旬。第1、第2代若虫孵化较整齐，第3代历时较长。各虫态历期：卵期13～20天，若虫期23～32天，雌成虫寿命23～30天。雌成虫把卵产在介壳内，每雌产卵10～30粒，若虫孵化后从介壳中爬出来。若虫在晴天中午孵化旺盛，初孵若虫活泼善爬，经2～5h，把口器插入树组织内固定虫体并吸取汁液，固定1h后即分泌出白色蜡质介壳覆盖在体背上。雌虫共3龄，后变为成虫；雄虫2龄，2龄后变为前蛹。第1、第2代分布在叶片上的多于枝干，雄虫多栖息在叶缘或边缘齿刻之间，雌虫多分布在枝干上或叶背中脉附近。第3代雌、雄均分布在枝干中、下部，叶片上少见。植物生长茂密、枝条及皮层嫩薄受害重。日本长白盾蚧生育适温20～25℃，相对湿度高于80%易发生。果园郁蔽、偏施和过施氮肥、树势生长衰弱受害重。

防治方法 ①严防有介壳虫的苗木运到新区。②受害重的加强管理，防止残存的日本长白盾蚧蔓延。③预测日本长白盾蚧卵盛孵期。一是玻管预测法，即用玻管在室内测定孵化虫数最多的日期，再向后推3～4天，即是防治适期。二是镜检预测法，即镜检日本长白盾蚧雌虫产卵率达84%，再向后推加该代卵的平均历期，即是孵化盛期。三是相关预测法，根据3月和4月均温的高低，预测其盛孵末期，调查百叶有虫150～250头时，即达到防治指标。防治重点应该放在若虫孵化较整齐的第1～2代。④在若虫盛孵末期及时喷洒9%高氯氟氰·噻乳油1000～2000倍液或25%噻虫嗪水分散粒剂4000倍液。第3代可用10～15倍松脂合剂或蒽油乳剂25倍液防治。也可在秋冬季喷洒0.5°Bé石硫合剂。喷药质量对防效影响很大，强调均匀周到。

褐天牛

学名 *Nadezhdiella cantori*（Hope），属鞘翅目、天牛科。分布于淮河、秦岭以南。

寄主 柑橘、橙、柚、沙田柚。

为害特点 幼虫钻蛀枝干，蛀孔处有唾沫状胶质分泌物，并有虫粪或木屑。受害株长势衰弱，枝条枯萎或整株死亡。

形态特征 成虫：黑褐色，体长26～51mm，体上生有灰黄色短绒毛。头顶两复眼间具1纵弧形深沟。侧翅突尖锐，鞘翅肩部隆起。雄天牛触角长于体，雌虫短。卵：椭圆形，乳白色，表面有网纹及细刺状突起。末龄幼虫：体长46～56mm，乳白色。前胸背板有横列4块棕色宽带，位于中央的两块较长，两侧者短。胸足细小。中胸的腹面、后胸及腹

褐天牛成虫

部第1～7节背腹面均有移动器。蛹：浅黄色。

生活习性 2年完成1代，以幼虫和成虫在虫道中越冬。翌年4月开始活动，5～6月产卵。初孵幼虫蛀茎为害，经过2年到第3年5～6月化蛹后羽化为成虫，成虫白天潜伏，夜晚活动。初孵幼虫在皮下蛀食，经10～20天，树皮表面出现流胶，后蛀入木质部，先横向蛀行，然后向上蛀食，若遇障碍物，则改变方向，因此常出现很多岔道。末龄幼虫在蛀道内做长椭圆形蛹室，马上化蛹。5～6月期间，卵期7～15天，幼虫期如系夏卵孵出的为15～17个月，秋卵孵出的为20个月左右。蛹期约30天，成虫从蛹室钻出后，寿命3～4个月。

防治方法 ①5～7月的雨后晴天在大枝或主干上捕杀成虫。经常检查树干，发现有新鲜木屑或虫类排出，用小刀或锥子在幼虫为害部位顺树干纵划2～3刀可杀死幼虫。②5～8月捕杀成虫。对蛀干幼虫，先把蛀孔和虫道清除干净，用80%敌敌畏50倍液蘸上杀虫剂后，塞入虫孔熏杀。③药剂触杀法。对成虫可选用5%吡·高氯微胶囊水悬浮剂1800倍液喷洒在树干或大枝上，当褐天牛成虫爬行或取食时触破微胶囊就会发生中毒而死亡。

光绿天牛

学名 *Chelidonium argentatum*（Dalman），属鞘翅目、天牛科。别名：光盾绿天牛、橘枝绿天牛、橘光绿天牛、吹箫虫等。分布在安徽、江西、福建、广东、海南、广西、湖南、云南、四川等地。

寄主 柑橘类、柠檬、菠萝蜜、九里香等。

为害特点 幼虫于枝条木质部内蛀食，先向上蛀，梢头枯死便向下蛀，隔一段距离向外蛀一排粪孔，排出粪屑，状如

橘光绿天牛成虫

箫孔，故名"吹箫虫"。影响树势及产量。

形态特征 成虫：体长24～27mm，墨绿色具光泽，腹面绿色，被银灰色绒毛。触角和足深蓝色或黑紫色，跗节黑色。头较长，具细密刻点，复眼间额隆起，具中纵沟。触角丝状11节，第5～10节端部侧有尖刺，雄触角略长于体，雌稍短。前胸长宽约等，侧刺突短钝，胸面具细密皱纹和刻点，小盾片光滑，鞘翅密布刻点，微显皱纹。幼虫：体长46～51mm，淡黄色，体表生褐色短毛。前胸背板后端具1横长形较骨化的硬块，乳白至灰白色，硬块下隐约可见1褐色横带纹；前胸背板前方具两块褐色硬皮板，其前缘凹入，左右两侧各具一小硬皮板。胸足细小，中胸至第7腹节背、腹面均有步泡突。

生活习性 广东、福建年生1代，少数2年1代，以幼虫于隧道内越冬。4～8月为成虫发生期，5月下旬～6月中旬进入盛发期，成虫白天活动，中午尤盛，飞行力较强，无趋光性，成虫寿命15～30天，卵散产于嫩绿的细枝分权处或叶腋。每雌一般可产60～70粒，卵期18～19天，6月中旬～7月上旬为孵化盛期。初孵幼虫从卵壳下蛀入枝内，为害至1月间休眠越冬，幼虫多栖居在最下的排粪孔下方不远处。老熟后在隧道末端上方6～10cm处咬椭圆形羽化孔，不咬破皮层，然后在羽化孔上方16cm左右处做蛹室，两端用木屑并泌有白磁质物封闭于内化蛹。老熟幼虫4月开始化蛹，盛期为4月下旬～5月下旬，蛹期23～25天。年生1代者幼虫期290～320天，2年1代者500～600天。

防治方法 参见褐天牛。

星天牛

学名 *Anoplophora chinensis*（Förster），属鞘翅目、天牛科。别名：白星天牛、银星天牛、橘根天牛、花牯牛、盘根虫等。分布在陕西、山西、河北、河南、山东、安徽、江苏、上海、浙江、江西、福建、广东、海南、香港、广西、湖南、湖北、贵州、重庆、四川、云南等地。

寄主 柑橘、枇杷、无花果、苹果、梨、樱桃、桑、荔枝、龙眼、番石榴、柚、沙田柚等。

为害特点 成虫啃食枝条嫩皮，食叶成缺刻；幼虫蛀食树干和主根，于皮下蛀食数月后蛀入木质部，并向外蛀1通气排粪孔，推出部分粪屑，削弱树势，于皮下蛀食环绕树干后常使整株枯死。

形态特征 成虫：体长19～39mm，漆黑有光泽。触角丝状、11节，第3～11节基半部各有淡蓝色毛环。前胸背板中央有3个瘤突，侧刺突粗壮。鞘翅基部密布颗粒，翅表面有排列不规则的白毛斑20余个。小盾片和足跗节淡青色。幼虫：体长45～67mm，淡黄白色。头黄褐色，上颚黑色；前胸背板前方左右各具1黄褐色飞鸟形斑纹，后方有1黄褐色"凸"字形大斑略隆起；胸足退化；中胸腹面、后胸和第1～7腹节背、腹面均有长圆形步泡突。

星天牛成虫

星天牛幼虫为害树干

生活习性 南方年生1代，北方2年1代，均以幼虫于隧道内越冬。翌春在隧道内做蛹室化蛹，蛹期18～45天。4月下旬～8月为羽化期，5～6月为盛期。羽化后经数日才咬羽化孔出树，成虫白天活动，交配后10～15天开始产卵。卵产在主干上，以距地面3～6cm内较多，产卵前先咬破树皮呈"L"或"⊥"形，伤口达木质部，产1粒卵于伤口皮下，表面隆起且湿润有泡沫，5～8月为产卵期，6月最盛。每雌可产卵70余粒，卵期9～15天。孵化后蛀入皮下，多于干基部、根颈处迂回蛀食，粪屑积于隧道内，数月后方蛀入木质部，并向外蛀1通气排粪孔，排出粪屑堆积于干基部，隧道内亦充满粪屑，幼虫为害至11～12月陆续越冬。2年1代者第3年春化蛹。

防治方法 ①捕杀成虫，刺杀卵和初孵幼虫。②可用80%敌敌畏乳油10～50倍液涂抹产卵痕，毒杀初龄幼虫；高龄幼虫可用细铁丝钩从通气排粪孔钩出粪屑，然后塞入1～2个80%敌敌畏乳油或40%乐果乳油10～50倍液浸过的药棉球或注入80%敌敌畏乳油500～600倍液或塞入磷化铝片半片，施药后用湿泥封口，有较好效果。③把距地面1m范围内树干涂白，对阻止成虫产卵有一定效果。④药物触杀法。用5%吡·高氯微胶囊水悬浮剂1800倍液喷洒在树干或大枝上，当星天牛成虫爬行或取食时，只要触破微胶囊，就会中毒死亡。

黑翅土白蚁

学名 *Odontotermes formosanus*（Shiraki），属等翅目、白蚁科。白蚁主要有7种：黑翅土白蚁、家白蚁、黄翅大白蚁、海南土白蚁、黄胸散白蚁、歪白蚁及小象白蚁。其中黑翅土白蚁较普遍。分布于河南、江苏、安徽、浙江、湖南、湖北、四川、贵州、福建、广东、广西、云南、台湾。

寄主 柑橘、栗、甘蔗、花生、果树、橡胶树、杉、松、桉树等。

柑橘园黑翅土白蚁工蚁

为害特点 蛀害根部和树干，使根部腐烂，不能吸取水分和养分，严重时全株枯死。

形态特征 白蚁群体中分为蚁王、蚁后、工蚁和兵蚁等。兵蚁 体长6mm，头长2.55mm，头部暗黄色，卵形，长大于宽，头最宽处常在后段，咽颈部稍曲向头的腹面，上颚镰刀形，左上颚中点的前方具1齿。体、翅黑褐色。单眼和复眼之间的距离等于或小于单眼的长。触角15～17节。前胸背板前部窄、斜翘起，后部较宽。

生活习性 在一个大巢群内有工蚁、兵蚁、幼蚁达200万头。兵蚁保卫蚁巢，工蚁担负采食、筑巢和抚育幼蚁等工作。蚁王和蚁后匿居蚁巢内，从不外出，负责繁殖后代。

防治方法 ①清除杂草。②在分飞季节用黑光灯诱杀。③果园用白蚁诱杀包，每667m² 放15～25个，经2～3个月蚁巢被消灭。④发现蚁巢用40%辛硫磷乳油150～200倍液，每巢灌20kg对好的药液。

豹纹木蠹蛾

学名 *Zeuzera* sp.，属鳞翅目、木蠹蛾科。分布在华东、华中、华南等果产区。

寄主 核桃、柑橘、石榴等多种果树。

为害特点 幼虫钻蛀枝干，造成枝枯、断枝，严重影响生长。

形态特征 雌成虫体长27～35mm，翅展50～60mm，雄体长20～25mm，翅展44～50mm，全体被白色鳞片，在翅脉间、翅缘及少数翅膀上生有许多较规则的蓝黑斑，后翅上除外缘也生蓝黑斑外，其他部位斑的颜色浅，胸背有排成2行的6个蓝黑斑点，腹部每节均生8个大小不一的蓝黑斑排列成

豹纹木蠹蛾成虫

豹纹木蠹蛾幼虫

环状。雌蛾触角丝状，雄蛾基半部羽毛状，端部丝状。卵椭圆形，浅黄色至橘黄色。幼虫体长40～60mm，红色，体节上生黑毛瘤，瘤上长1～2根毛；前胸背板上具黑斑，中央生1条纵走黄色细线。

生活习性 年生1代，以老熟幼虫在树干中越冬。翌年枝上的芽萌发时转移到新梢上继续为害。6月中旬～7月中旬羽化交尾产卵。成虫有趋光性，产卵在嫩枝、嫩芽或叶上，卵期15～20天。初孵幼虫先在嫩梢上部腋叶处蛀害，先在皮层、木质部之间绕干蛀害，造成嫩梢风折。幼虫钻入髓部向上蛀时，隔一定距离向外蛀一圆形排粪孔。受害枝3～5天枯萎后，幼虫向下移重新蛀入，多次造成当年新生枝梢大量枯死，秋末初冬幼虫在受害枝基部蛀道内越冬。其天敌有茧蜂。

防治方法 ①及时剪除风折枝并集中烧毁。②在成虫产卵和幼虫孵化期喷洒20%氰·辛乳油1200倍液或20%氰戊菊酯乳油2000倍液。

附录

1.北京市清查柑橘橙柚未见注射甜蜜素

针对消费者市场上的柑橘是不是注射了甜蜜素的担心，北京市食药监局于2017年1月24日上午表示，近期对本市商场、超市、市场、果蔬专卖店销售的柑、橘、橙、柚开展了专项风险监测，未检出禁止使用的甜味剂、着色剂、防腐剂。此次清查还扩大筛查了35种人工合成色素的着色风险，有两个橙皮样本疑似检出微量橘红2号，但果肉均合格。

市食药监局风险监测处副处长张卫民介绍，此次监测抽检的样本242个，包括柑、橘、橙、柚、金橘、柠檬等，覆盖了超市发、物美、家乐福等16家有代表性的连锁超市和商场、果蔬专卖店以及新发地、岳各庄、大洋略三大水果批发市场。检测中均未检出糖精钠、安赛蜜、甜蜜素、阿斯巴甜等人工合成甜味剂，也未检出苯甲酸、山梨酸等人工防腐剂。

北京农学院食品科学与工程学院陈湘宁教授介绍，橘子的甜度是由品种、光照、土壤条件、施肥等因素决定的，如果注射甜味剂，虽能让橘子局部变甜，但这种橘子极易腐烂变质，需要花费很大精力且得不偿失，一般不会为商贩所采纳。至于市民购买橘子时偶尔会发现表面有像砂眼一样的小洞，可能是在柑橘采收、装卸及运输过程中造成的机械伤所致。

针对市民关注的给柑橘"染色"现象，市食药监局对242个柑橘橙样本进行了苋菜红、胭脂红、诱惑红、柠檬黄、日落黄等食品类常用着色剂检测，均未检出。在国家标准规定之外，市食品安全监控和风险评估中心还利用高分辨质谱技术，对可能用于水果增色的苏丹红、对位红、罗丹明、分散橙、甲苯胺红等35种人工合成色素进行了逐一筛查，在两个橙皮样本疑似检出微量橘红2号，但在所有242个样本的可食用部分中均未检出上述人工色素。市食品安全监控和风险评估中心风险筛查室主任毛婷博士介绍，"橘红2号是一种橘红色粉末状人工合成色素，使用它的目的是为了让果皮卖相好。本次两个橙皮样本中橘红2号含量分别为0.68mg/kg、0.38mg/kg，属于微量。"

据了解，本次筛查出的疑似问题样本，采样地点为新发地市场的"吉"字头和"鲁"字头两辆水果运输车，商户声称其产区来源为四川丹宁。市食药监局食品市场处处长李江表示，新发地市场在接到食药监部门通报后，已立即将商户待销售的18箱橙子全部予以监督销毁。丰台区食药监局已向产地致函核实本批次橙子种植加工的具体情况。

市食药监局表示，下一步将尝试利用现有的科技力量和高技术手段，加强对各类非法添加、掺杂使假食品安全违法"潜规则"的筛查研判，发现可能存在的风险隐患，会立即采取市场控制措施，并及时向产区政府通报进行核查。

2.农药配制及使用基础知识

一、农药基础知识

（一）常用计量单位的折算

1.面积

1公顷＝15亩＝10000m^2。

1平方公里＝100公顷＝1500亩＝1000000m^2。

1亩＝666.7m^2＝6000平方市尺＝60平方丈。

2.重量

1t（吨）＝1000kg（公斤）＝2000市斤。

1kg（公斤）＝2市斤＝1000g。

1市斤＝500g。

1市两＝50g。

1g=1000mg。

3.容量

1L＝1000mL（cc）。

1L水＝2市斤水＝1000mg（cc）水。

（二）配制农药常用计算方法

1.药剂用药量计算法

（1）稀释倍数在100倍以上的计算公式：

$$药剂用药量＝\frac{稀释剂（水）用量}{稀释倍数}$$

[例1]需要配73%克螨特乳油2000倍稀释液50L，求用药量。

$$克螨特乳油用药量＝\frac{50}{2000}＝0.025L（kg）＝25mL（g）$$

[例2]需要配制50%多菌灵可湿性粉剂800倍稀释液50升，求用药量。

$$克螨特乳油用药量＝\frac{50}{800}＝0.0625kg＝62.5g$$

（2）稀释倍数在100倍以下时的计算公式：

$$克螨特乳油用药量＝\frac{稀释剂（水）用量}{稀释倍数-1}$$

2.药剂用药量"快速换算法"

[例1]某农药使用浓度为2000倍液，使用的喷雾机容量为5kg，配制1桶药液需加入农药量为多少？

先在农药加水稀释倍数栏中查到2000倍，再在配制药液量目标值的附表1列中查5kg的对应列，两栏交叉点2.5g或mL，即为所需加入的农药量。

[例2]某农药使用浓度为3000倍液，使用的喷雾机容量为7.5kg，配制1桶药液需加入农药量为多少？

先在农药稀释倍数栏中查到3000倍，再在配制药液量目标值的表列中查5kg、2kg、1kg的对应列，两栏交叉点分别为1.7、0.68、0.34（1kg表值为0.34，0.5kg为0.17），累计得2.55g或mL，为所需加入的农药量，其他的算法也可依此类推。

附表1 配制不同浓度药液所需农药的快速换算表

| 加水稀释倍数 | 需配制药液量(L、kg) | | | | | | | | |
| | 1 | 2 | 3 | 4 | 5 | 10 | 20 | 30 | 40 |
	所需药液量(mL、g)								
50	20	40	60	80	100	200	400	600	800
100	10	20	30	40	50	100	200	300	400
200	5	10	15	20	25	50	100	150	200
300	3.1	6.8	10.2	13.6	17	34	68	102	136
400	2.5	5	7.5	10	12.5	25	50	75	100
500	2	4	6	8	10	20	40	60	80
1000	1	2	3	4	5	10	20	30	40
2000	0.5	1	1.5	2	2.5	5	10	15	20
3000	0.34	0.68	1.02	1.36	1.7	3.4	6.8	10.2	13.6
4000	0.25	0.5	0.75	1	1.25	2.5	5	7.5	10
5000	0.2	0.4	0.4	0.8	1	2	4	6	8

（三）农药的配制及注意事项

除少数可直接使用的农药制剂外，一般农药都要经过配制才能使用。农药的配制就是把商品农药配制成可以施用的状态。例如，乳油、可湿性粉剂等本身不能直接施用，必须对水稀释成所需浓度的喷施液才能喷施。农药配制一般要经过农药和配料取用量的计算、量取、混合几个步骤。

（1）认真阅读农药商品使用说明书，确定当地条件下的用药量。农药制剂配取要根据其制剂有效成分的百分含量、单位面积的有效成分用量和施药面积来计算。商品农药的标签和说明书中一般均标明了制剂的有效成分含量、单位面积的有效成分用量，有的还标明了制剂用量或稀释倍数。所以，要准确计算农药制剂和取用量，必须仔细、认真阅读农药标签和说明书。

（2）药液调配要认真计算制剂取用量和配料用量，以免出现差错。

（3）安全、准确地配制农药。计算出制剂取用量和配料用量后，要严格按照计算的量量取或称取。液体药要用有刻度的量具，固体药要用秤称量。量取好药和配料后，要在专用的容器里混匀。混匀时，要用工具搅拌，不得用手。

为了准确、安全地进行农药配制，还应注意以下几点：

① 不能用瓶盖倒药或用饮水桶配药；不能用盛药水的桶直接下沟、河取水；不能用手伸入药液或粉剂中搅拌。

② 在开启农药包装、称量配制时，操作人员应戴上必要的防护器具。

③ 配制人员必须经专业培训，掌握必要的技术和熟悉所用农药的性能。

④ 孕妇、哺乳期妇女不能参与配药。

⑤ 配药器械一般要求专用，每次用后要洗净，不得在河流、小溪、井边冲洗。

⑥ 少数剩余和废弃的农药应深埋入地坑中。

⑦ 处理粉剂时要小心，以防止粉尘飞扬。

⑧ 喷雾器不宜装得太满，以免药液泄漏。当天配好的应当天用完。

（四）波尔多液的配制、使用

波尔多液是由硫酸铜、生石灰和水配制成的天蓝色悬浊液，是一种无机铜保护剂。黏着力强，喷于植物表面后形成一层药膜，逐渐释放出铜离子，可防止病菌侵入植物体。药效持续20～30天，可以防治多种果树病害。

配制方法：以1：1：160倍式波尔多液的配制为例。在塑料桶或木桶、陶瓷容器中，先用5kg温水将0.5kg硫酸铜溶解，再加70kg水，配制成稀硫酸铜水溶液，同时在大缸或药池中将0.5kg生石灰加入5kg水，配成浓石灰乳，最后将稀硫酸铜水溶液慢慢倒入浓石灰乳中，边倒边搅拌。这样配出的波尔多液呈天蓝色，悬浮性好，防治效果佳。也可将0.5kg生石灰用40kg水溶解，将0.5kg硫酸铜用40kg水溶解，再将石灰水和硫酸铜水溶液同时缓缓倒入另一个容器中，边倒边搅拌。生产上往往在药箱中直接先配制成波尔多原液，然后加水，达到所用浓度。采用这种方法配制出的药液较前两种方法配制的质量差，但如配制后立即使用，则该配制方法也可行。

使用方法及注意事项：桃、李、梅、中国梨等对本剂敏感，要选用不同的倍量式，以减弱药害因子作用；波尔多液使用前要施用其他农药，则要间隔5～7天才能使用波尔多液，波尔多液使用后要施用退菌特，则要间隔15天；不能与石硫合剂、松脂合剂等农药混用；该药剂宜在晴天露水干后现配现用，不宜在低温、潮湿、多雨时施用；边配制边使用，不宜隔夜使用；不能用金属容器配制，因金属容器易被硫酸腐蚀。

（五）石硫合剂的配制、使用

石硫合剂又叫石灰硫黄合剂、石硫合剂水剂，是果园常用的杀螨剂和杀菌剂，一般是自行配制。近年来，有的农药厂生产出固体石硫合剂，加水稀释后便可使用。

石硫合剂是以生石灰和硫黄粉为原料，加水熬制成的红褐色液体。其有效成分是多硫化钙，有较强的渗透和侵蚀病菌细胞壁和害虫体壁的能力，可直接杀死病菌和害虫。对人、畜毒性中等，对人眼、鼻、皮肤有刺激性。

熬制石硫合剂要选用优质生石灰，不宜用化开的石灰。生石灰、硫黄和水的比例为1：2：10，先把生石灰放在铁锅中，用少量水化开后加足量水并加热，同时用少量温水将硫黄粉调成糊状备用。当锅中的石灰水烧至近沸腾时，把硫黄糊沿锅边慢慢倒入石灰液中，边倒边搅，并记好水位线。大火加热，煮沸40～60min后，在药熬成红褐色时停火。在煮沸过程中应适当搅拌，并用热水补足蒸发掉的水分。冷却后滤除渣子，就成石灰硫黄合剂原液。商品石硫合剂的原液浓度一般在32波美度以上，农村自行熬制的石硫合剂浓度在22～28波美度。使用前，用波美比重计测量原液浓度(波美度)，然后再根据需要，加水稀释成所需浓度，稀释倍数按下列公式计算或查附表2。

$$加水稀释倍数 = \frac{原液波美度 - 所需药液波美度}{所需药液波美度}$$

在果树休眠期和发芽前，用3～5波美度石硫合剂，可防治果树炭疽病、腐烂病、白粉病、锈病、黑星病等，也可防治果树螨类、蚧类等害虫。果树生长季节，用0.3～0.5波美度石硫合剂，可防治多种果树细菌性穿孔病、白粉病等，并可兼治螨类害虫。

注意事项：煮熬时要用缓火，烧制成的原液波美度高；如急火煮熬，原液波美度低；煮熬时用热水随时补足蒸发水量，如不补充热水，则在开始煮熬时水量应多加20%～30%，其配比为1：2：（12～13）。含杂质多和已分化的石灰不能使用，如是含有一定量杂质的石灰，则其用量视杂质含量适当增加。硫黄是块状的，应先捏成粉，才能使用。稀释液不能储藏，应随配随用。原液储藏需密闭，避免日晒，不能用铜、铝容器，可用铁质或陶瓷容器；梨树上喷过石硫合剂后，间隔10～15天才能喷波尔多液；喷过波尔多液和机油乳剂后，间隔15～20天才能喷石硫合剂，以免发生药害。气温高于32℃或低于4℃均不能使用石硫合剂。梨、葡萄、杏树对硫比较敏感，在生长期不能使用；稀释倍数要认真计算，尤其是在生长期使用的药液。

附表2　石硫合剂重量倍数稀释表

原液浓度（波美度）	需要浓度（波美度）									
	5	4	3	2	1	0.5	0.4	0.3	0.2	0.1
	加水稀释倍数									
15	2.0	2.75	4.00	6.50	14.0	29.0	36.5	49.0	74.0	149.0
16	2.2	3.00	4.33	7.0	15.0	31.0	39.0	52.3	79.0	159.0
17	2.4	3.25	4.66	7.5	16.0	33.0	41.5	55.6	84.0	169.0
18	2.6	3.50	5.00	8.0	17.0	35.0	44.0	59.0	89.0	179.0
19	2.8	3.75	5.33	8.5	18.0	37.0	46.5	62.3	94.0	189.0
20	3.0	4.00	5.66	9.0	19.0	39.0	49.0	65.6	99.0	199.0
21	3.2	4.25	6.00	9.5	20.0	41.0	51.5	69.0	104.0	209.0
22	3.4	4.50	6.33	10.0	21.0	43.0	54.0	72.3	109.0	219.0
23	3.6	4.75	6.66	10.5	22.0	45.0	56.5	75.6	114.0	229.0
24	3.8	5.00	7.00	11.0	23.0	47.0	59.0	79.0	119.0	239.0
25	4.0	5.25	7.33	11.5	24.0	49.0	61.5	82.3	124.0	249.0
26	4.2	5.50	7.66	12.0	25.0	51.0	64.0	85.6	129.0	259.0
27	4.4	5.75	8.00	12.5	26.0	53.0	65.5	89.0	134.0	269.0
28	4.6	6.00	8.33	13.0	27.0	55.0	69.0	92.3	139.0	279.0
29	4.8	6.25	8.66	13.5	28.0	57.0	71.5	95.6	144.0	289.0
30	5.0	6.50	9.00	14.0	29.0	59.0	74.0	99.0	149.0	299.0

（六）自制果树涂白剂的方法

在冬季给果树主枝和主干刷上涂白剂，是帮助果树安全越冬与防除病虫害的一项有效措施。自制3种涂白剂方法如下：

（1）石硫合剂石灰涂白剂。取3kg生石灰用水化成熟石灰，继续加水配成石灰乳，再倒入少许油脂并不断搅拌，然后倒进0.5kg石硫合剂原液和食盐，充分拌匀后即成石硫合剂石灰涂白剂，配制该剂的总用水量为10kg。配制后应立即使用。

（2）硫黄石灰涂白剂。将硫黄粉与生石灰充分拌匀后加水溶化，再将溶化的食盐水倒入其中，并加入油脂和水，充分搅拌均匀便得硫黄石灰涂白剂。配制的硫黄石灰涂白剂应当天使用。配制方法：按硫黄0.25、食盐0.1、油脂0.1、生石灰5、水20的重量比例配制即可。

（3）硫酸铜石灰涂白剂。配料比例：硫酸铜0.5kg，生石灰10kg。配制方法：用开水将硫酸铜充分溶解，再加水稀释，将生石灰慢慢加水熟化后，继续将剩余的水倒入调成石灰乳，然后将两者混合，并不断搅拌均匀即成。

（七）几种果树伤口保护剂的配制、使用

（1）接蜡。将松香400g、猪油50g放入容器中，用文火熬至全部熔化，冷却后慢慢倒入酒精，待容器中泡沫起得不高即发出"吱吱"声时，即停止倒入酒精。再加入松节油50g、25%酒精100g，不断搅动，即成接蜡。然后将其装入用盖密封的瓶中备用。使用时，用毛笔蘸取接蜡，涂抹在伤口上即可。

（2）牛粪灰浆。用牛粪6份、熟石灰和草木灰各8份、细河沙1份，加水调成糨糊状，即可使用。

（3）松香酚醛清漆合剂。准备好松香和酚醛清漆各1份。配制时，先把清漆煮沸，再慢慢加入松香拌匀即可。冬季可多加酚醛清漆，夏季可多加松香。

（4）豆油铜剂。准备豆油、硫酸铜和熟石灰各1份。配制时，先把豆油煮沸，再加入硫酸铜细粉及熟石灰，充分搅拌，冷却后即可使用。

二、果树生产慎用和禁用农药

（一）果树生产慎用农药

乐果：猕猴桃特敏感，禁用；对杏、梨有明显的药害，不宜使用；桃、梨对稀释倍数小于1500倍的药液敏感，使用前要先进行试验，以确定安全使用浓度。

螨克和克螨特：梨树禁用。

敌敌畏：对樱桃、桃、杏、白梨等植物有明显的药害，应十分谨慎。

敌百虫：对苹果中的金帅品种有药害作用。

稻丰散：对桃和葡萄的某些品种敏感，使用要慎重。

二甲四氯：各种果树都忌用。

石硫合剂：对桃、李、梅、梨、杏等有药害，在葡萄幼嫩组织上易产生药害。若在这些植物上使用石硫合剂，最好在其落叶季节喷洒，在生长季节或花果期慎用。

波尔多液：对生长季节的桃、李敏感。低于倍量时，梨、杏、柿易发生药害；高于倍量时，葡萄易发生药害。

石油乳剂：对某些桃树品种易产生药害，最好在桃树落叶季节使用。

（二）果树生产禁用农药

1.国家明令禁止使用的农药

六六六、滴滴涕（DDT）、毒杀芬、二溴氯丙烷、杀虫脒、二溴乙烷、除草醚、艾氏剂、狄氏剂、汞制剂、砷类、铅类、敌枯双、氟乙酰胺、甘氟、毒鼠强、氟乙酸钠、毒鼠硅。

2.果树上不得使用的农药

甲拌磷、乙拌磷、久效磷、对硫磷、甲基对硫磷、甲胺磷、甲基异柳磷、氧化乐果、磷胺、特丁硫磷、甲基硫环磷、治螟磷、内吸磷、灭线磷、硫环磷、蝇毒磷、地虫硫磷、氯唑磷、苯线磷。

（三）我国高毒农药退市时间表确定

按10月1日起实施的《食品安全法》明确要求，农业部已制定初步工作计划，拟在充分论证基础上，科学有序、分期分批地加快淘汰剧毒、高毒、高残留农药。

近日，农业部种植业管理司向外界透露我国高毒农药全面退市已有时间表：

一是2019年前淘汰溴甲烷和硫丹。根据有关国际公约，溴甲烷土壤熏蒸使用至2018年12月31日；硫丹用于防治棉花棉铃虫、烟草烟青虫等特殊使用豁免至2019年3月26日；拟于2016年底前发布公告，自2017年1月1日起，撤销溴甲烷、硫丹农药登记；自2019年1月1日起，禁止溴甲烷、硫丹在农业生产上使用。

二是2020年禁止使用涕灭威、g百威、甲拌磷、甲基异硫磷、氧乐果、水胺硫磷。根据农药使用风险监测和评估结果，拟于2018年撤销上述6种高毒农药登记，2020年禁止使用。

三是到2020年底，除农业生产等必须保留的高毒农药品种外，淘汰禁用其他高毒农药。

目前农业部登记农药产品累计3万多个，而品种只有650多个，绝大多数农药产品都是多年登记、重复登记同一品种，甚至同一产品，成老旧农药。同时还有不少农药产品已登记多年，但一直没生产销售，成"休眠"产品。与高毒农药相比，对生态环境、农产品质量安全等方面威胁虽然不大，但老旧农药问题同样突出。

因此，农业部将通过政策调整，引导农药使用零增长目标平稳落地。除加快高毒农药退市外，对安全风险高、不合法合规、农业生产需求小、防治效果明显下降、失去应用价值老旧农药品种实行强制退出。

参考文献

[1] 谢联辉.普通植物病理学.第二版.北京：科学出版社，2013.

[2] 徐志宏.板栗病虫害防治彩色图谱.杭州：浙江科学技术出版社，2001.

[3] 成卓敏.新编植物医生手册.北京：化学工业出版社，2008.

[4] 冯玉增.石榴病虫草害鉴别与无公害防治.北京：科学技术文献出版社，2009.

[5] 赵奎华.葡萄病虫害原色图鉴.北京：中国农业出版社，2006.

[6] 许渭根.石榴和樱桃病虫害原色图谱.杭州：浙江科学技术出版社，2007.

[7] 宁国云.梅、李及杏病虫原色图谱.杭州：浙江科学技术出版社，2007.

[8] 吴增军.猕猴桃病虫原色图谱.杭州：浙江科学技术出版社，2007.

[9] 梁森苗.杨梅病虫原色图谱.杭州：浙江科学技术出版社，2007.

[10] 蒋芝云.柿和枣病虫害原色图谱.杭州：浙江科学技术出版社，2007.

[11] 王立宏.枇杷病虫原色图谱.杭州：浙江科学技术出版社，2007.

[12] 夏声广.柑橘病虫害防治原色生态图谱.北京：中国农业出版社，2006.

[13] 林晓民.中国菌物.北京：中国农业出版社，2007.

[14] 袁章虎.无公害葡萄病虫害诊治手册.北京：中国农业出版社，2009.

[15] 何月秋.毛叶枣（台湾青枣）的有害生物及其防治.北京：中国农业出版社，2009.

[16] 张炳炎.核桃病虫害及防治原色图谱.北京：金盾出版社，2008.

[17] 李晓军.樱桃病虫害及防治原色图谱.北京：金盾出版社，2008.

[18] 张一萍.葡萄病虫害及防治原色图谱.北京：金盾出版社，2007.

[19] 陈桂清.中国真菌志：一卷白粉菌目.北京：科学出版社，1987.

[20] 张中义.中国真菌志：十四卷枝孢属、星孢属、梨孢属.北京：科学出版社，2003.

[21] 白金铠.中国真菌志：十五卷茎点霉属，叶点霉属.北京：科学出版社，2003.

[22] 张天宇.中国真菌志：十六卷链格孢属.北京：科学出版社，2003.

[23] 白金铠.中国真菌志：十七卷壳二孢属，壳针孢属.北京：科学出版社，2003.

[24] 郭英兰，刘锡琎.中国真菌志：二十四卷尾孢菌属.北京：科学出版社，2005.

[25] 张忠义.中国真菌志：二十六卷葡萄孢属、柱隔孢属.北京：科学出版社，2006.

[26] 葛起新，中国真菌志：三十八卷拟盘多毛孢属.北京：科学出版社，2009.

[27] 洪健，李德葆.植物病毒分类图谱.北京：科学出版社，2001.